G101图集应用
其实没那么难！

平法钢筋
算量200问

高爱军　主编

中国电力出版社
CHINA ELECTRIC POWER PRESS

内 容 提 要

本书根据 G101 系列平法图集编写，以问答的形式——解答了平法钢筋算量中常见的问题，全书共分为五章，具体包括：平法钢筋算量入门、基础构件钢筋算量、主体构件钢筋算量、楼梯钢筋算量和钢筋施工算量。书的编写以实用、精练、方便查阅为原则，紧密结合工程实际，配有大量图例，便于读者理解掌握。

本书可作为工程造价人员及施工人员的培训教材，也可供大中专院校土木工程、工程管理、工程造价等相关专业的老师和学生学习参考。

图书在版编目（CIP）数据

平法钢筋算量 200 问/高爱军主编. —北京：中国电力出版社，2016.8
（G101 图集应用其实没那么难）
ISBN 978-7-5123-9478-0

Ⅰ.①平… Ⅱ.①高… Ⅲ.①钢筋混凝土结构—结构计算—问题解答 Ⅳ.①TU375.01-44

中国版本图书馆 CIP 数据核字（2016）第 140803 号

中国电力出版社出版发行
北京市东城区北京站西街 19 号　100005　http://www.cepp.sgcc.com.cn
责任编辑：未翠霞　联系电话：010—63412611
责任印制：蔺义舟　责任校对：闫秀英
北京市同江印刷厂印刷·各地新华书店经售
2016 年 8 月第 1 版·第 1 次印刷
700mm×1000mm　1/16·10.75 印张·205 千字
定价：36.00 元

前　　言

随着我国国民经济持续、快速、健康的发展，钢筋作为建筑工程的主要工程材料，以其优越的材料特性，成为大型建筑首选的结构形式，从而使钢筋在建筑结构中的应用比例越来越高，而高质量的钢筋算量是实现快速、经济、合理施工的重要条件。

钢筋工程是主体结构的一个重要分项工程。钢筋算量是贯穿工程建设过程中确定钢筋用量及造价的重要环节，是一项技术含量高的工作。目前，平法钢筋技术发展迅速，涌现出很多新方法，工艺也在不断改善，但钢筋翻样仍未形成一套完整的理论体系，而从事钢筋工程的设计人员和施工人员，对于钢筋算量理论知识的掌握水平以及方法技巧的运用能力等仍有待提高。为了满足钢筋工程技术人员与其他相关人员的需要，我们根据国家最新颁布实施的钢筋工程各相关设计规范、施工质量验收规范、最新图集（"11G101-1""11G101-2""11G101-3"）等，编写了本书。

本书以最新的标准、规范为依据，参考11G101系列三本新平法图集，具有很强的针对性和实用性，理论与实践相结合，注重实际经验在工程中的运用；结构体系上重点突出、详略得当，还注重知识间的融贯性，并突出整合性的编写原则，方便读者理解掌握平法钢筋技术。

本书由陈彬主编，参编的人员有：刘海明、张越、李佳滢、刘梦然、李长江、王玉静、许春霞、高海静、李芳芳、江超、葛新丽、张蔷、朱思光、张正南、梁燕。

本书从建筑的基本构件着手，重点介绍了各构件的基本构造和算量方法，并列举了相关实例，从而加强读者对钢筋算量知识的理解和掌握。本书可供施工单位、造价咨询单位和建设单位的钢筋翻样人员阅读，也可供结构设计人员、监理人员、高职高专和本科生学习参考。

本书在编写过程中，我们得到了有关专家和学者的热情帮助，在此表示感谢。由于编者水平和学识有限，尽管尽心尽力，反复推敲核实，但仍不免有疏漏或未尽之处，因此恳请有关专家和读者提出宝贵意见予以批评指正，以便做进一步修改和完善。

编者

2016.7

目　　录

平法钢筋算量入门

 1. 普通钢筋的表示方法有哪些?

普通钢筋的一般表示方法应符合表 1-1 的规定。

表 1-1 普通钢筋的一般表示方法

名 称	图 例	说 明
钢筋横断面	•	—
无弯钩的钢筋端部		下图表示长、短钢筋投影重叠时,短钢筋的端部用 45°斜画线表示
带半圆形弯钩的钢筋端部		—
带直钩的钢筋端部		—
带螺纹的钢筋端部		—
无弯钩的钢筋搭接		—
带半圆弯钩的钢筋搭接		—
带直钩的钢筋搭接		—
花篮螺栓钢筋接头		—
机械连接的钢筋接头		用文字说明机械连接的方式(如冷挤压或直螺纹等)

 2. 钢筋焊接接头的表示方法有哪些?

钢筋焊接接头的表示方法应符合表 1-2 的规定。

表 1-2 钢筋焊接接头的表示方法

名 称	接头形式	标注方法
单面焊接的钢筋接头		
双面焊接的钢筋接头		

续表

名称	接头形式	标注方法
用帮条单面焊接的钢筋接头		
用帮条双面焊接的钢筋接头		
接触对焊的钢筋接头（闪光焊、压力焊）		
坡口平焊的钢筋接头		
坡口立焊的钢筋接头		
用角钢或扁钢做连接板焊接的钢筋接头		
钢筋或螺（锚）栓与钢板穿孔塞焊的接头		

 3. 预应力钢筋的表示方法有哪些?

预应力钢筋的表示方法应符合表 1-3 的规定。

表 1-3 　　　　　　　　　　预应力钢筋的表示方法

名　　称	图　　例
预应力钢筋或钢绞线	——··——
后张法预应力钢筋断面无黏结预应力钢筋断面	⊕
预应力钢筋断面	+
张拉端锚具	▷——·——
固定端锚具	▷——·——
锚具的端视图	⊕
可动连接件	——〓——
固定连接件	——·—+——·——

4. 钢筋的标注方法有哪些?

（1）梁内受力钢筋、架立钢筋的根数、级别和直径表示法如下：

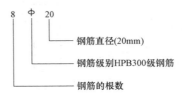

（2）梁内箍筋及板内钢筋应标注钢筋直径和相邻的钢筋中心间距，表示法如下：

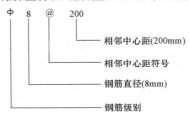

 5. 钢筋的种类和作用有哪些?

钢筋按其在构件中起的作用不同，通常加工成各种不同的形状。构件中常见的钢筋可分为主钢筋（纵向受力钢筋）、弯起钢筋（斜钢筋）、架立钢筋、分布钢筋、腰筋、拉筋和箍筋几种类型，如图 1-1 所示。各种钢筋在构件中的作用如下。

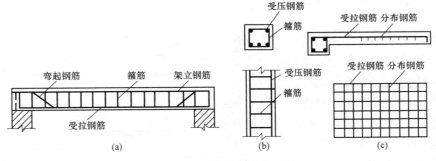

图 1-1　钢筋在构件中的种类
（a）梁；（b）柱；（c）悬臂板

 6. 主钢筋的作用有哪些?

主钢筋又称"纵向受力钢筋"，可分受拉钢筋和受压钢筋两类。受拉钢筋配置

3

在受弯构件的受拉区和受拉构件中承受拉力；受压钢筋配置在受弯构件的受压区和受压构件中，与混凝土共同承受压力。在受弯构件受压区配置主钢筋一般是不经济的，只有在受压区混凝土不足以承受压力时，才在受压区配置受压主钢筋以补强。受拉钢筋在构件中的位置如图 1-2 所示。

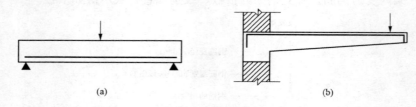

图 1-2　受拉钢筋在构件中的位置
(a) 简支梁；(b) 雨篷

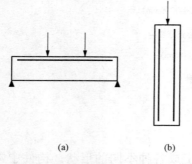

图 1-3　受压钢筋在构件中的位置
(a) 梁；(b) 柱

受压钢筋是通过计算用以承受压力的钢筋，一般配置在受压构件中，例如，各种柱子、桩或屋架的受压腹杆内，受弯构件的受压区内也需配置受压钢筋。虽然混凝土的抗压强度较大，然而钢筋的抗压强度远大于混凝土的抗压强度，在构件的受压区配置受压钢筋，帮助混凝土承受压力，就可以减小受压构件或受压区的截面尺寸。受压钢筋在构件中的位置如图 1-3 所示。

 7. 弯起钢筋的作用有哪些?

弯起钢筋是受拉钢筋的一种变化形式。在简支梁中，为抵抗支座附近由于受弯和受剪而产生的斜向拉力，就将受拉钢筋的两端弯起来，承受这部分斜拉力，称为"弯起钢筋"。但在连续梁和连续板中，经实验证明受拉区是变化的：跨中受拉区在连续梁、板的下部；到接近支座的部位时，受拉区主要移到梁、板的上部。为了适应这种受力情况，受拉钢筋到一定位置就须弯起。弯起钢筋在构件中的位置如图 1-4 所示。斜钢筋一般由主钢筋弯起，当主钢筋长

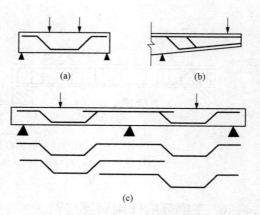

图 1-4　弯起钢筋在构件中的位置
(a) 简支梁；(b) 悬臂梁；(c) 横梁

度不够弯起时，也可采用吊筋，如图 1-5 所示，但不得采用浮筋。

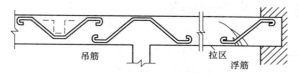

图 1-5　吊筋布置图

8. 架力钢筋的作用有哪些?

架立钢筋能够固定箍筋，并与主筋等一起连成钢筋骨架，保证受力钢筋的设计位置，使其在浇筑混凝土过程中不发生移动。

架立钢筋的作用是使受力钢筋和箍筋保持正确位置，以形成骨架。但当梁的高度小于 150mm 时，可不设箍筋，在这种情况下，梁内也不设架立钢筋。架立钢筋的直径一般为 8～12mm。架立钢筋在钢筋骨架中的位置，如图 1-6 所示。

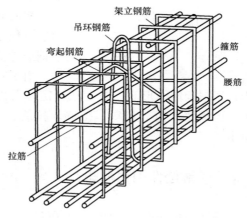

图 1-6　架立筋、腰筋等在钢筋骨架中的位置

9. 分部钢筋的作用有哪些?

分布钢筋是指在垂直于板内主钢筋方向上布置的构造钢筋。其作用是将板面上的荷载更均匀地传递给受力钢筋，也可在施工中通过绑扎或点焊以固定主钢筋位置，还可抵抗温度应力和混凝土收缩应力。分布钢筋在构件中的位置如图 1-7 所示。

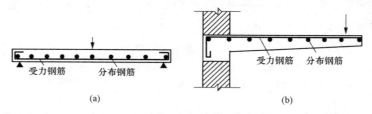

图 1-7　分布钢筋在构件中的位置

(a) 简支板；(b) 雨篷

10. 腰筋与拉筋的作用有哪些?

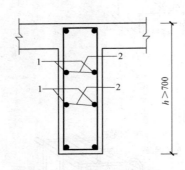

图 1-8 腰筋与拉筋布置
1—腰筋;2—拉筋

当梁的截面高度超过 700mm 时,为了保证受力钢筋与箍筋整体骨架的稳定,以及承受构件中部混凝土收缩或温度变化所产生的拉力,在梁的两侧面沿高度每隔 300～400mm 设置一根直径不小于 10mm 的纵向构造钢筋,称为"腰筋"。腰筋要用拉筋连系,拉筋直径为 6～8mm,如图 1-8 所示。

腰筋的作用是防止梁太高时由于混凝土收缩和温度变化导致梁变形而产生的竖向裂缝,同时可加强钢筋骨架的刚度。

由于安装钢筋混凝土构件的需要,在预制构件中,根据构件体形和质量,在一定位置设置有吊环钢筋。在构件和墙体连接处,部分还预埋有锚固筋等。腰筋、拉筋、吊环钢筋在钢筋骨架中的位置如图 1-6 所示。

 11. 箍筋作用有哪些?

箍筋的构造形式,如图 1-9 所示。

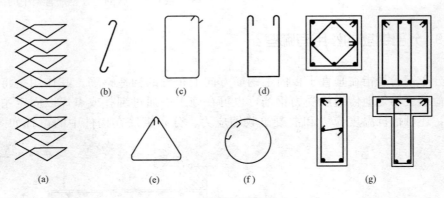

图 1-9 箍筋的构造形式
(a) 螺旋形箍筋;(b) 单肢箍;(c) 闭口双肢箍;(d) 开口双肢箍;
(e) 闭口三角箍;(f) 闭口圆形箍;(g) 各种组合箍筋

箍筋的主要作用是固定受力钢筋在构件中的位置,并使钢筋形成坚固的骨架,同时箍筋还可以承担部分拉力和剪力等。

箍筋除了可以满足斜截面抗剪强度外,还有使连接的受拉主钢筋和受压区的混凝土共同工作的作用。此外，也可用于固定主钢筋的位置而使梁内各种钢筋构成钢筋骨架。

箍筋的形式主要有开口式和闭口式两种。闭口式箍筋有三角形、圆形和矩形等多种形式。单个矩形闭口式箍筋也称"双肢箍"；两个双肢箍拼在一起称为"四肢箍"。在截面较小的梁中可使用单肢箍；在圆形或有些矩形的长条构件中也有使用螺旋形箍筋的。

12. 钢筋有哪些等级？如何区分？

一般将屈服强度在 300MPa 以上的钢筋称为"Ⅱ级钢筋"，屈服强度在 400MPa 以上的钢筋称为"Ⅲ级钢筋"，屈服强度在 500MPa 以上的钢筋称为"Ⅳ级钢筋"，屈服强度在 600MPa 以上的钢筋称为"Ⅴ级钢筋"。

2002 年开始，Ⅱ级钢筋改称"HRB335 级钢筋"，Ⅲ级钢筋改称"HRB400 级钢筋"。简单地说，这两种钢筋的相同点是：都属于带肋钢筋（即通常说的螺纹钢筋）；都属于普通低合金热轧钢筋；都可以用于普通钢筋混凝土结构工程中。

不同点如下：

（1）钢种不同（化学成分不同），HRB335 级钢筋是 20MnSi（20 锰硅）；HRB400 级钢筋是 20MnSiNb（20 锰硅铌）或 20MnSiV（20 锰硅钒）或 20MnTi 等（20 锰钛）。

（2）强度不同，HRB335 级钢筋的抗拉、抗压设计强度是 300MPa，HRB400 级钢筋的抗拉、抗压设计强度是 360MPa。

（3）由于钢筋的化学成分和极限强度的不同，因此在冷弯、韧性、抗疲劳等性能方面也有所不同。两种钢筋的理论质量，在长度和公称直径都相等的情况下是一样的。

两种钢筋在混凝土中对锚固长度的要求是不同的。钢筋的锚固长度与钢筋的外形、钢筋的抗拉强度及混凝土的抗拉强度有关。

13. 如何画常见的钢筋？

（1）在结构楼板中配置双层钢筋时，底层钢筋的弯钩应向上或向左，顶层钢筋的弯钩则向下或向右，如图 1-10（a）所示。

（2）钢筋混凝土墙体配双层钢筋时，在配筋立面图中，远面钢筋的弯钩应向上或向左，而近面钢筋的弯钩则向下或向右（JM 为近面，YM 为远面），如图 1-10（b）所示。

（3）若在断面图中不能清楚地表达钢筋布置，应在断面图外增加钢筋大样图（如钢筋混凝土墙、楼梯等），如图 1-10（c）所示。

（4）图中所表示的箍筋、环筋等若布置复杂时，可加画钢筋大样图及说明，如图 1-10（d）所示。

（5）每组相同的钢筋、箍筋或环筋，可用一根粗实线表示，同时用一根两端带斜短划线的横穿细线表示其余钢筋及起止范围，如图 1-10（e）所示。

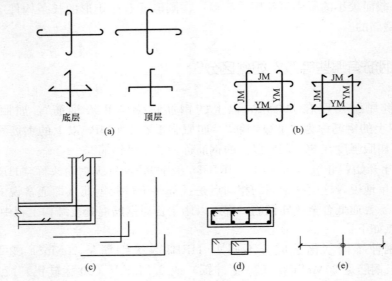

图 1-10　钢筋常见画法

（a）常见画法一；（b）常见画法二；（c）常见画法三；
（d）常见画法四；（e）常见画法五

14. 阅读和审查图纸的一般要求有哪些?

通常所说的图纸是指土建施工图纸。施工图一般分为"建施"和"结施"，"建施"就是建筑施工图，"结施"就是结构施工图。钢筋计算主要使用结构施工图。如果房屋结构比较复杂，单纯看结构施工图不容易看懂时，可以结合建筑施工图的平面图、立面图和剖面图，以便于我们理解某些构件的位置和作用。

看图纸一定要注意阅读最前面的"设计说明"，里面有许多重要的信息和数据，还包含一些在具体构件图纸上没有画出的一些工程做法。对于钢筋计算来说，设计说明中的重要信息和数据有：房屋设计中采用哪些设计规范和标准图集、抗震等级（以及抗震设防烈度）、混凝土强度等级、钢筋的类型、分布钢筋的直径和间距等。认真阅读设计说明，可以对整个工程有一个总体的印象。

要认真阅读图纸目录，根据目录对照具体的每一张图纸，看看手中的施工图纸有无缺漏。

　　然后浏览每一张结构平面图。首先明确每张结构平面图所适用的范围：是几个楼层合用一张结构平面图，还是每一个楼层分别使用一张结构平面图？再对比不同的结构平面图，看看它们之间有什么联系和区别。看各楼层之间的结构有哪些是相同的，有哪些是不同的，以便于划分"标准层"，制订钢筋计算的计划。

　　目前，平法施工图主要是通过结构平面图来表示。但是，对于某些复杂的或者特殊的结构或构造，设计师会给出构造详图，在阅读图纸时要注意观察和分析。

　　在阅读和审查图纸的过程中，要注意把不同的图纸进行对照和比较，要善于读懂图纸，更要善于发现图纸中的问题。设计师也难免会出错，而施工图是进行施工和工程预算的依据，如果图纸出错了，后果将是严重的。在将结构平面图、建筑平面图、立面图和剖面图对照比较的过程中，要注意平面尺寸的对比和标高尺寸的对比。

 15. 阅读和审查平法施工图的注意事项有哪些？

　　施工图纸都采用平面设计，所以要结合平法技术的要求进行图纸的阅读和审查：

　　（1）构件编号的合理性和一致性。

　　（2）平法梁集中标注信息是否完整和正确。

　　（3）平法梁原位标注是否完整和正确。

　　（4）关于平法柱编号的一致性问题。

　　（5）柱表中的信息是否完整和正确。

 16. 钢筋计算的计划和部署有哪些？

　　在充分地阅读和研究图纸的基础上，就可以进行平法钢筋计算的计划和部署。这主要是楼层划分中如何正确划定"标准层"的问题。

　　在楼层划分时，要比较各楼层的结构平面图的布局，看看哪些楼层是类似的，尽管不能纳入同一个"标准层"进行处理，但是可以在分层计算钢筋的时候，尽量利用前面某一楼层计算的结果。在运行平法钢筋计算软件中，也可以使用"楼层拷贝"功能，把前面某一个楼层的平面布置连同钢筋标注都拷贝过来，稍加修改，就能计算出新楼层的钢筋工程量。

　　一般在楼层划分时，有些楼层是需要单独进行计算的，包括：基础、地下室、一层、中间的柱（墙）变截面楼层、顶层。

　　在进入钢筋计算之前，还必须准备好进行钢筋计算的基础数据，包括：抗震等级（以及抗震设防烈度）、混凝土强度等级、各类构件的保护层厚度、各类构件钢筋的类型、各类构件的钢筋锚固长度和搭接长度、分布钢筋的直径和间距等。

17. 什么是钢筋的保护层?

《混凝土结构施工图平面整体表示方法制图规则和构造详图（现浇混凝土框架、剪力墙、梁、板）》（11G1011）第 54 页、《混凝土结构施工图平面整体表示方法制图规则和构造详图（独立基础、条形基础、筏形基础及桩基承台）》（11G1013）第 55 页给出了混凝土保护层的最小厚度要求，见表 1-4。

表 1-4　　　　　　　　　　　　混凝土保护层的最小厚度　　　　　　　　　　（mm）

环境类别	板、墙	梁、柱
一	15	20
二 a	20	25
二 b	25	35
三 a	30	40
三 b	40	50

注：1. 表中混凝土保护层厚度指最外层钢筋外边缘至混凝土表面的距离，适用于设计使用年限为 50 年的混凝土结构。
　　2. 构件中受力钢筋的保护层厚度不应小于钢筋的公称直径。
　　3. 设计使用年限为 100 年的混凝土结构，一类环境中，最外层钢筋的保护层厚度不应小于表中数值的 1.4 倍；二、三类环境中，应采取专门的有效措施。
　　4. 混凝土强度等级不大于 C25 时，表中保护层厚度数值应增加 5mm。
　　5. 基础底面钢筋的保护层厚度，有混凝土垫层时应从垫层顶面算起，且不应小于 40mm；无垫层时不应小于 70mm。

18. 什么是受拉钢筋的基本锚固长度?

受拉钢筋的基本锚固长度见表 1-5。

表 1-5　　　　　　　　　　　　　受拉钢筋的基本锚固长度

钢筋种类	抗震等级	混凝土强度等级								
		C20	C25	C30	C35	C40	C45	C50	C55	≥C60
HPB300	一、二级（l_{abE}）	$45d$	$39d$	$35d$	$32d$	$29d$	$28d$	$26d$	$25d$	$24d$
	三级（l_{abE}）	$41d$	$36d$	$32d$	$29d$	$26d$	$25d$	$24d$	$23d$	$22d$
	四级（l_{abE}）非抗震（l_{ab}）	$39d$	$34d$	$30d$	$28d$	$25d$	$24d$	$23d$	$22d$	$21d$

续表

钢筋种类	抗震等级	混凝土强度等级								
		C20	C25	C30	C35	C40	C45	C50	C55	≥C60
HRB335 HRBF335	一、二级（l_{abE}）	44d	38d	33d	31d	29d	26d	25d	24d	24d
	三级（l_{abE}）	40d	35d	31d	28d	26d	24d	23d	22d	22d
	四级（l_{abE}）非抗震（l_{ab}）	38d	33d	29d	27d	25d	23d	22d	21d	21d
HRB400 HRBF400 RRB400	一、二级（l_{abE}）	—	46d	40d	37d	33d	32d	31d	30d	29d
	三级（l_{abE}）	—	42d	37d	34d	30d	29d	28d	27d	26d
	四级（l_{abE}）非抗震（l_{ab}）	—	40d	35d	32d	29d	28d	27d	26d	25d
HRB500 HRBF500	一、二级（l_{abE}）	—	55d	49d	45d	41d	39d	37d	36d	35d
	三级（l_{abE}）	—	50d	45d	41d	38d	36d	34d	33d	32d
	四级（l_{abE}）非抗震（l_{ab}）	—	48d	43d	39d	36d	34d	32d	31d	30d

注：d—钢筋直径。

其中

$$l_{abE} = \zeta_{aE} l_{ab}$$

ζ_{aE} 为抗震锚固长度修正系数，对一、二级抗震等级取 1.15，对三级抗震等级取 1.05，对四级抗震等级取 1.00。

 19. 什么是受拉钢筋的锚固长度?

受拉钢筋的锚固长度 l_a、抗震锚固长度 l_{aE} 见表 1-6。

表 1-6　　　　受拉钢筋的锚固长度 l_a、抗震锚固长度 l_{aE}

非抗震	$l_a = \zeta_a l_{ab}$	注：1. l_a 不应小于 200mm。
		2. 锚固长度修正系数 ζ_a 按表 1-7 取用，当多于一项时，可按连乘计算，但不应小于 0.6。
抗震	$l_{aK} = \zeta_{aE} l_a$	3. ζ_{aK} 为抗震锚固长度修正系数，对一、二级抗震等级取 1.15，对三级抗震等级取 1.05，对四级抗震等级取 1.00

注：1. HPB300 级钢筋末端应做成 180°弯钩，弯后平直段长度不应小于 3d；但作受压钢筋时可不做弯钩。

2. 当锚固钢筋的保护层厚度不大于 5d 时，锚固钢筋长度范围内应设置横向构造钢筋，其直径不应小于 d/4（d 为锚固钢筋的最大直径）；对梁、柱等构件间距不应大于 5d，对板、墙等构件不应大于 10d，且均不应大于 100mm（d 为锚固钢筋的最小直径）。

表 1-7 受拉钢筋锚固长度修正系数 ζ_a

锚固条件		ζ_a	
带肋钢筋的公称直径大于 25mm		1.10	
环氧树脂涂层带肋钢筋		1.25	—
施工过程中易受扰动的钢筋		1.10	
锚固区保护层厚度	3d	0.80	注：中间时按内插取值。
	5d	0.70	d 为锚固钢筋直径

 20. 什么是搭接长度修正系数？

在《混凝土结构施工图平面整体表示方法制图规则和构造详图（现浇混凝土框架、剪力墙、梁、板）》（11G1011）图集第 55 页的"纵向受拉钢筋绑扎搭接长度 l_{lE}、l_l"（见表 1-8）中，有一个"搭接长度修正系数 ζ"，表格中给出由锚固长度计算搭接长度的计算公式。

表 1-8 纵向受拉钢筋绑扎搭接长度 l_{lE}、l_l

纵向受拉钢筋绑扎搭接长度 l_{lE}、l_l	
抗震	非抗震
$l_{lE}=\zeta_l l_{aE}$	$l_l=\zeta_l l_a$

注：式中 l_l——纵向受拉钢筋的搭接长度；

$\qquad l_{lE}$——纵向抗震受拉钢筋的搭接长度；

$\qquad \zeta_l$——纵向受拉钢筋搭接长度的修正系数，按表 1-9 取用。当纵向搭接钢筋接头面积百分率为表的中间值时，修正系数可按内插取值。

 21. 什么是纵向钢筋搭接接头面积百分率？

纵向钢筋搭接接头面积百分率是决定搭接长度修正系数 ζ 数值的依据。《混凝土结构施工图平面整体表示方法制图规则和构造详图（现浇混凝土框架、剪力墙、梁、板）》（11G1011）图集第 55 页的"纵向钢筋搭接长度修正系数 ζ_l"的取用见表 1-9。

表 1-9 纵向钢筋搭接长度修正系数 ζ_l

纵向钢筋搭接接头面积百分率（%）	≤25	50	100
ζ_l	1.2	1.4	1.6

 22. 什么是一般钢筋的公称直径、公称面积及理论质量？

一般钢筋的公称直径、公称截面面积及理论质量见表 1-10。

表 1-10   钢筋的公称直径、公称截面面积及理论质量

公称直径 /mm	不同根数钢筋的计算截面面积/mm²									单根钢筋的理论质量 /(kg/m)
	1	2	3	4	5	6	7	8	9	
6	28.3	57	85	113	142	170	198	226	255	0.222
8	50.3	101	151	201	252	302	352	402	453	0.395
10	78.5	157	236	314	393	471	5550	628	707	0.617
12	113.1	226	339	452	565	678	791	904	1017	0.888
14	153.9	308	461	615	769	923	1077	1231	1385	1.21
16	201.1	402	603	804	1005	1206	1407	1608	1809	1.58
18	254.5	509	763	1017	1272	1527	1781	2036	2290	2.00 (2.11)
20	314.2	628	942	1256	1570	1884	2199	2513	2827	2.47
22	380.1	760	1140	1520	1900	2281	2661	3041	3421	2.98
25	490.9	982	1473	1964	2454	2945	3436	3927	4418	3.85 (4.10)
28	615.8	1232	1847	2463	3079	3695	4310	4926	5542	4.83
32	804.2	1609	2413	3217	4021	4826	5630	6434	7238	6.31 (6.65)
36	1017.9	2036	3054	4072	5089	6107	7125	8143	9161	7.99
40	1256.6	2513	3770	5027	6283	7540	8796	10053	11310	9.87 (10.34)
50	1963.5	3928	5892	7856	9820	11784	13748	15712	17676	15.42 (16.28)

注：括号内为预应力螺纹钢筋的数值。

 23. 什么是冷轧带肋钢筋的公称直径、公称截面面积及理论质量？

CRB550 冷轧带肋钢筋的公称直径、公称截面面积及理论质量见表 1-11。

表 1-11   冷轧带肋钢筋的公称直径、公称截面面积及理论质量

公称直径/mm	公称截面面积/mm²	理论质量/ (kg/m)
4	12.6	0.099
5	19.6	0.154
6	28.3	0.222
7	38.5	0.302
8	50.3	0.395
9	63.6	0.499
10	78.5	0.617
12	113.1	0.888

24. 什么是钢绞线的公称直径、公称截面面积及理论质量？

钢绞线的公称直径、公称截面面积及理论质量见表 1-12。

表 1-12　　　　　钢绞线的公称直径、公称截面面积及理论质量

种类	公称直径/mm	公称截面面积/mm²	理论质量/(kg/m)
1×3	8.6	37.7	0.296
	10.8	58.9	0.462
	12.9	84.8	0.666
1×7	9.5	4.8	0.430
	12.7	98.7	0.775
	15.2	140	1.101
	17.8	191	1.500
	21.6	285	2.237

 25. 什么是钢丝的公称直径、公称截面面积及理论质量？

钢丝的公称直径、公称截面面积及理论质量见表 1-13。

表 1-13　　　　　钢丝的公称直径、公称截面面积及理论质量

公称直径/mm	公称截面面积/mm²	理论质量/(kg/m)
5	19.63	0.154
7	38.48	0.302
9	63.62	0.499

 26. 什么是钢筋的每米质量？

钢筋每米质量的单位是 kg/m（千克/米）。

钢筋的每米质量是计算钢筋工程量（吨）的基本数据，当计算出某种直径钢筋的总长度（米）的时候，根据钢筋的每米质量就可以计算出这种钢筋的总质量：

钢筋的总质量(kg)＝钢筋总长度(m)×钢筋每米质量(kg/m)

常用钢筋的理论质量见表 1-14。表中直径为 4mm 和 5mm 的钢筋在习惯上和定额中称为"钢丝"。

表 1-14　　　　　　　　　常用钢筋的理论质量

钢筋直径/mm	质量/(kg/m)	钢筋直径/mm	质量/(kg/m)
4	0.099	16	1.578
5	0.154	18	1.998
6	0.222	20	2.466
6.5	0.260	22	2.984
8	0.395	25	3.833
10	0.617	28	4.834
12	0.888	30	5.549
14	1.208	32	6.313

　　钢筋工和预算员一般都能熟记常用钢筋的每米质量。其实，这些数据也不用死记硬背，用得多了自然能记住。记不住也不要紧，可以通过简单的计算来获得钢筋的每米质量，即计算 1m 长度的某种直径钢筋的体积，再乘以钢的密度，就可以得到这种直径钢筋的每米质量。

　　钢筋的每米质量还有一个作用，就是作为钢筋"等截面代换"时的计算依据。在计算钢筋的"等截面代换"时，可以采用钢筋的"每米质量"来代替钢筋的"截面面积"。

基础构件钢筋算量

27. 独立基础的平面注写有哪些方式?

独立基础的平面注写方式,分为集中标注和原位标注两部分内容,采用平面注写方式表达的独立基础设计施工图,如图 2-1 所示。

28. 独立基础如何进行集中标注?

独立基础集中标注的具体内容,规定如下。
(1) 注写独立基础编号(必注内容),见表 2-1。

表 2-1　　　　　　　　　　　　独立基础编号

类　型	基础底板截面形状	代　号	序　号
普通独立基础	阶形	DJ_J	××
	坡形	DJ_P	××
杯口独立基础	阶形	BJ_J	××
	坡形	BJ_P	××

独立基础底板的截面形状通常有两种:
1) 阶形截面编号加下标"J",如 DJ_J××、BJ_J××;
2) 坡形截面编号加下标"P",如 DJ_P××、BJ_P××。
(2) 注写独立基础截面竖向尺寸(必注内容)。下面按普通独立基础和杯口独立基础分别进行说明。
1) 普通独立基础。
①当基础为阶形截面时,如图 2-2 所示。
图 2-2 的示例为三阶;当为更多阶时,各阶尺寸自下而上用"/"分隔顺写。
当基础为单阶时,其竖向尺寸仅为一个,且为基础总厚度,如图 2-3 所示。
②当基础为坡形截面时,注写为"h_1/h_2",如图 2-4 所示。
2) 杯口独立基础。
①当基础为阶形截面时,其竖向尺寸分两组,一组表达杯口内,另一组表达杯

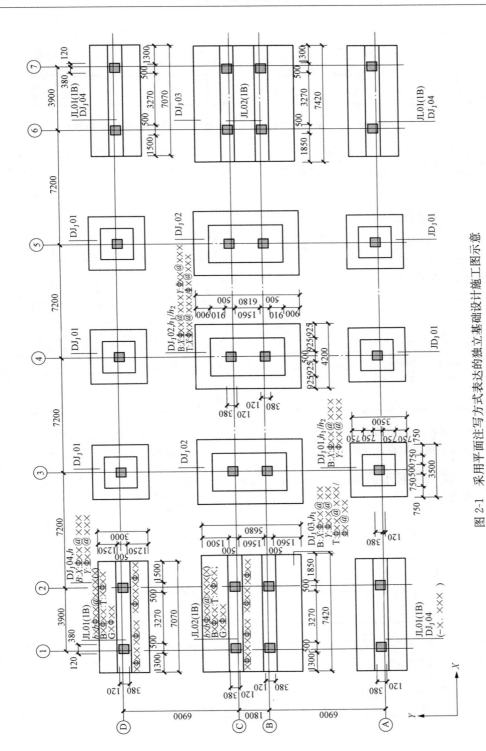

图 2-1　采用平面注写方式表达的独立基础设计施工图示意

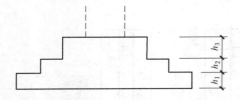

图 2-2 阶形截面普通独立基础竖向尺寸

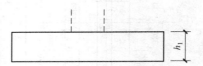

图 2-3 单阶普通独立基础竖向尺寸

口外，两组尺寸以"，"分隔，注写为"a_0/a_1，$h_1/h_2/h_3/\cdots$"，其含义如图 2-5～图 2-8 所示，其中杯口深度 a_0 为柱插入杯口的尺寸加 50mm。

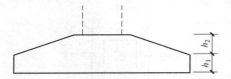

图 2-4 坡形截面普通独立基础竖向尺寸

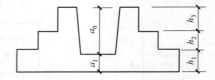

图 2-5 阶形截面杯口独立基础竖向尺寸（一）

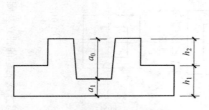

图 2-6 阶形截面杯口独立
基础竖向尺寸（二）

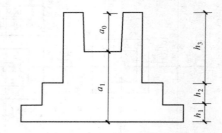

图 2-7 阶形截面高杯口独立
基础竖向尺寸（一）

②当基础为坡形截面时，注写为"a_0/a_1，$h_1/h_2/h_3/\cdots$"，其含义如图 2-9 和图 2-10 所示。

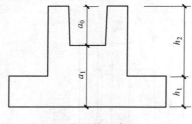

图 2-8 阶形截面高杯口独立
基础竖向尺寸（二）

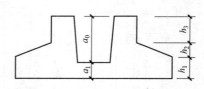

图 2-9 坡形截面杯口独立
基础竖向尺寸

（3）注写独立基础配筋（必注内容）。

1）注写独立基础底板配筋。普通独立基础和杯口独立基础的底部双向配筋注写规定如下：

①以 B 代表各种独立基础底板的底部配筋。

②X 向配筋以 X 打头，Y 向配筋以 Y 打头注写；当两向配筋相同时，以 X&Y 打头注写。

2）注写杯口独立基础顶部焊接钢筋网。以 Sn 打头引注杯口顶部焊接钢筋网的各边钢筋。

当双杯口独立基础中间杯壁厚度小于 400mm 时，在中间杯壁中配置构造钢筋见相应标准构造详图，设计不注。

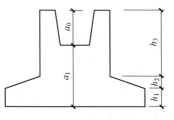

图 2-10　坡形截面高杯口独立基础竖向尺寸

高杯口独立基础应配置顶部钢筋网；非高杯口独立基础是否配置，应根据具体工程情况确定。

3）注写高杯口独立基础的杯壁外侧和短柱配筋。具体注写规定如下：

①以 O 代表杯壁外侧和短柱配筋。

②先注写杯壁外侧和短柱纵筋，再注写箍筋。注写为：角筋/长边中部筋/短边中部筋，箍筋（两种间距）。当杯壁水平截面为正方形时，注写为：角筋/x 边中部筋/y 边中部筋，箍筋（两种间距，杯口范围内箍筋间距/短柱范围内箍筋间距）。

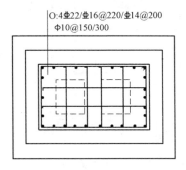

图 2-11　双高杯口基础杯壁配筋示意

③对于双高杯口独立基础的杯壁外侧配筋，注写形式与单高杯口相同，施工区别在于杯壁外侧配筋为同时环住两个杯口的外壁配筋，如图 2-11 所示。

当双高杯口独立基础杯壁厚度小于 400mm 时，在中间杯壁中配置构造钢筋见相应标准构造详图，设计不注。

4）注写普通独立深基础短柱竖向尺寸及钢筋。当独立基础埋深较大，设置短柱时，短柱配筋应注写在独立基础中。

具体注写规定如下：

①以 DZ 代表普通独立深基础短柱。

②先注写短柱纵筋，再注写箍筋，最后注写短柱标高范围。注写为：角筋/长边中部筋/短边中部筋，箍筋，短柱标高范围。当短柱水平截面为正方形时，注写为：角筋/x 边中部筋/y 边中部筋，箍筋，短柱标高范围。

（4）注写基础底面标高（选注内容）。当独立基础的底面标高与基础底面基准标高不同时，应将独立基础底面标高直接注写在"（　）"内。

（5）必要的文字注解（选注内容）。当独立基础的设计有特殊要求时，宜增加必要的文字注解。例如，基础底板配筋长度是否采用减短方式等，可在该项内注明。

29. 钢筋混凝土和素混凝土的独立基础如何进行原位标注?

钢筋混凝土和素混凝土独立基础的原位标注,是在基础平面布置图上标注独立基础的平面尺寸。对相同编号的基础,可选择一个进行原位标注;当平面图形较小时,可将所选定进行原位标注的基础按比例适当放大;其他相同编号者仅注编号。

原位标注的具体内容规定如下:

(1) 普通独立基础。原位标注 x、y,x_c、y_c(或圆柱直径),x_i、y_i,$i=1$,2,3…。其中,x、y 为普通独立基础两向边长,x_c、y_c 为柱截面尺寸,x_i、y_i 为阶宽或坡形平面尺寸(当设置短柱时,还应标注短柱的截面尺寸)。

对称阶形截面普通独立基础的原位标注,如图 2-12 所示;非对称阶形截面普通独立基础的原位标注,如图 2-13 所示;设置短柱独立基础的原位标注,如图 2-14 所示。

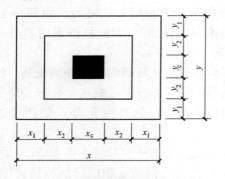

图 2-12 对称阶形截面普通独立基础的原位标注

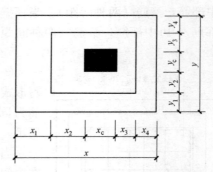

图 2-13 非对称阶形截面普通独立基础的原位标注

对称坡形截面普通独立基础的原位标注,如图 2-15 所示;非对称坡形截面普通独立基础的原位标注,如图 2-16 所示。

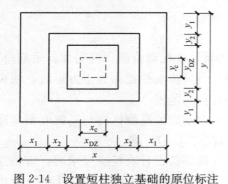

图 2-14 设置短柱独立基础的原位标注

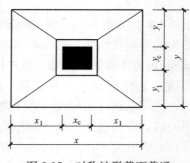

图 2-15 对称坡形截面普通独立基础的原位标注

（2）杯口独立基础。原位标注 x、y，x_u、y_u，t_i，x_i、y_i，$i=1$，2，3…。其中，x、y 为杯口独立基础两向边长，x_u、y_u 为杯口上口尺寸，t_i 为杯壁厚度，x_i、y_i 为阶宽或坡形截面尺寸。

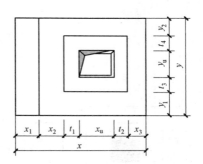

图 2-16 非对称坡形截面普通
独立基础的原位标注

杯口尺寸 x_u、y_u，按柱截面边长两侧双向各加 75mm；按标准构造详图（为插入杯口的相应柱截面边长尺寸，每边各加 50mm），设计不注。

阶形截面杯口独立基础的原位标注，如图 2-17 和图 2-18 所示。高杯口独立基础的原位标注与杯口独立基础完全相同。

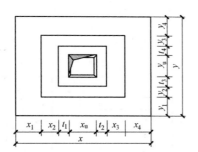

图 2-17 阶形截面杯口独立
基础的原位标注（一）

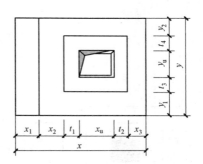

图 2-18 阶形截面杯口独立
基础的原位标注（二）
注：本图所示基础底板的一边比其他三边多一阶。

坡形截面杯口独立基础的原位标注，如图 2-19 和图 2-20 所示。高杯口独立基础的原位标注与杯口独立基础完全相同。

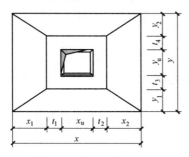

图 2-19 坡形截面杯口独立
基础的原位标注（一）

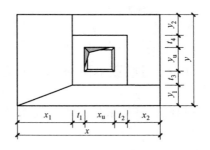

图 2-20 坡形截面杯口独立
基础的原位标注（二）
注：本图所示基础底板有两边不放坡。

当设计为非对称坡形截面独立基础且基础底板的某边不放坡时，在采用双比例原位放大绘制的基础平面图上，或在圈引出来放大绘制的基础平面图上，应按实际放坡情况绘制分坡线，如图 2-20 所示。

 30. 普通独立基础采用平面注写方式如何表达？

普通独立基础采用平面注写方式的集中标注和原位标注综合设计表达示意，如图 2-21 所示。

设置短柱独立基础采用平面注写方式的集中标注和原位标注综合设计表达示意，如图 2-22 所示。

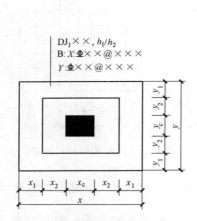

图 2-21　普通独立基础平面注写方式的
集中标注和原位标注综合
设计表达示意（一）

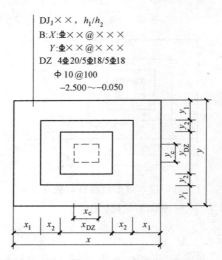

图 2-22　普通独立基础平面注写方式的
集中标注和原位标注综合
设计表达示意（二）

 31. 杯口独立基础采用平面注写方式如何表达？

杯口独立基础采用平面注写方式的集中标注和原位标注综合设计表达示意，如图 2-23 所示。

在图 2-23 中，集中标注的第三、四行内容，是表达高杯口独立基础杯壁外侧的竖向纵筋和横向箍筋；当为非高杯口独立基础时，集中标注通常为第一、二、五行的内容。

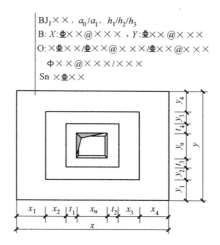

$BJ_J \times \times$，a_0/a_1，$h_1/h_2/h_3$
B: $X{:}\Phi \times \times @\times \times \times$，$Y{:}\Phi \times \times @\times \times \times$
O: $\times \Phi \times \times /\Phi \times \times @\times \times \times /\Phi \times \times @\times \times \times$
$\phi \times \times @\times \times \times /\times \times \times$
Sn $\times \Phi \times \times$

图 2-23　杯口独立基础平面注写方式表达示意

32. 多柱独立基础如何注写？

独立基础通常为单柱独立基础，也可为多柱独立基础（双柱或四柱等）。多柱独立基础的编号、几何尺寸和配筋的标注方法与单柱独立基础相同。

当为双柱独立基础且柱距较小时，通常仅配置基础底部钢筋；当柱距较大时，除基础底部配筋外，还需在两柱间配置基础顶部钢筋或设置基础梁；当为四柱独立基础时，通常可设置两道平行的基础梁，需要时可在两道基础梁之间配置基础顶部钢筋。

多柱独立基础顶部配筋和基础梁的注写方法规定如下：

（1）注写双柱独立基础底板顶部配筋。双柱独立基础的顶部配筋，通常对称分布在双柱中心线两侧，注写为：双柱间纵向受力钢筋/分布钢筋。当纵向受力钢筋在基础底板顶面非满布时，应注明其总根数。

（2）注写双柱独立基础的基础梁配筋。当双柱独立基础为基础底板与基础梁相结合时，注写基础梁的编号、几何尺寸和配筋。如 JL×× （1）表示该基础梁为 1 跨，两端无外伸；JL×× （1A）表示该基础梁为 1 跨，一端有外伸；JL×× （1B）表示该基础梁为 1 跨，两端均有外伸。

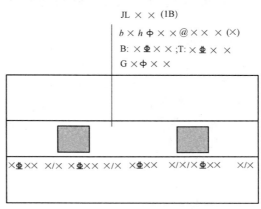

$JL \times \times$ (1B)
$b \times h\phi \times \times @\times \times \times (\times)$
B: $\times \Phi \times \times \times$;T: $\times \Phi \times \times \times$
G $\times \phi \times \times$

图 2-24　双柱独立基础的基础梁配筋注写示意

通常情况下，双柱独立基础宜采用端部有外伸的基础梁，基础底板则采用受力明确、构造简单的单向受力配筋与分布筋。基础梁宽度宜比柱截面宽出不小于 100mm（每边不小于 50mm）。

基础梁的注写规定与条形基础的基础梁注写规定相同，注写示意如图 2-24 所示。

（3）注写双柱独立基础的底板配筋。双柱独立基础底板配筋的注写，可以按条形基础底板的注写规定，也可以按独立基础底板的注写规定。

（4）注写配置两道基础梁的四柱独立基础底板顶部配筋。当四柱独立基础已设置两道平行的基础梁时，根据内力需要可在双梁之间及梁的长度范围内配置基础顶部钢筋，注写为：梁间受力钢筋/分布钢筋。

平行设置两道基础梁的四柱独立基础底板配筋，也可按双梁条形基础底板配筋的注写规定。

 33. 独立基础的截面注写有哪些方式？

独立基础的截面注写方式，可分为截面标注和列表注写（结合截面示意图）两种表达方式。

 34. 如何对单个独立基础进行标注？

对单个基础进行截面标注的内容和形式，与传统"单构件正投影表示方法"基本相同。对于已在基础平面布置图上原位标注清楚的该基础的平面几何尺寸，在截面图上可不再重复表达。

 35. 如何对多个独立基础进行标注？

对多个同类基础，可采用列表注写（结合截面示意图）的方式进行集中表达。表中内容为基础截面的几何数据和配筋等，在截面示意图上应标注与表中栏目相对应的代号。列表的具体内容规定如下：

（1）普通独立基础。普通独立基础列表集中注写栏目如下：

1）编号：阶形截面编号为 $DJ_J \times \times$，坡形截面编号为 $DJ_P \times \times$。

2）几何尺寸：水平 x、y、x_c、y_c（或圆柱直径 d_c），t_i、x_i、y_i，$i = 1$，2，3…；竖向尺寸 a_0、a_1，$h_1/h_2/h_3/$…。

3）配筋：B：X：$\Phi \times \times @ \times \times \times$，$Y$：$\Phi \times \times @ \times \times \times$。

（2）杯口独立基础。杯口独立基础列表集中注写栏目如下：

1）编号：阶形截面编号为 $BJ_J \times \times$，坡形截面编号为 $BJ_P \times \times$。

2）几何尺寸：水平尺寸 x、y、x_u、y_u、t_i、x_i、y_i，$i=1$，2，3…；竖向尺寸 a_0，a_i，$h_1/h_2/h_3/\cdots$。

3）配筋：B：$\underline{\Phi}X$：$\times\times@\times\times\times$，Y：$\underline{\Phi}\times\times@\times\times\times$，Sn$\times\underline{\Phi}\times\times$；

O：$\times\underline{\Phi}\times\times/\underline{\Phi}\times\times@\times\times\times/\underline{\Phi}\times\times@\times\times\times$，$\phi\times\times@\times\times\times/\times\times\times$。

 36. 独立基础钢筋如何计算?

基础底部受力钢筋理论质量计算如下：

钢筋长度＝基础长度－2×保护层厚度＋6.25×2×钢筋直径

钢筋根数＝Ceil[(基础宽度－2×保护层厚度)/钢筋间距]＋1

钢筋质量＝钢筋长度×钢筋根数×钢筋理论质量

注：钢筋直径在计算时采用 HPB300 级钢筋，钢筋根数应取整计算，Ceil 函数即表示求不小于给定实数的最小整数。

 37. 以某独立基础 DJ1 配筋为例，如何计算其钢筋工程量?

某独立基础 DJ1 配筋图如图 2-25 所示，钢筋采用绑扎连接，混凝土强度等级为 C25，保护层厚度为 40mm，钢筋理论质量为 0.888kg/m，试计算钢筋的长度、根数和钢筋质量。

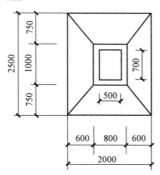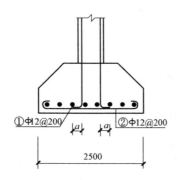

图 2-25　某独立基础 DJ1 配筋图

（1）①号受力钢筋。

从图 2-25 中我们可以看出：钢筋直径＝12mm，钢筋间距＝200mm。

钢筋长度＝基础长度－2×保护层厚度＋6.25×2×钢筋直径

＝2.0－2×0.04＋6.25×2×0.012＝2.07（m）

钢筋根数＝Ceil[(基础宽度－2×保护层厚度)/钢筋间距]＋1

＝（2.5－2×0.04）/0.2＋1＝14（根）

钢筋质量＝钢筋长度×钢筋根数×钢筋理论质量

＝2.07×14×0.888＝25.734（kg）

（2）②号受力钢筋。

$$钢筋长度＝基础长度－2×保护层厚度＋6.25×2×钢筋直径$$
$$＝2.5－2×0.04＋6.25×2×0.012＝2.57（m）$$
$$钢筋根数＝Ceil[（基础宽度－2×保护层厚度）/钢筋间距]＋1$$
$$＝（2.0－2×0.04）/0.2＋1＝11（根）$$
$$钢筋质量＝钢筋长度×钢筋根数×钢筋理论质量$$
$$＝2.57×11×0.888＝25.104（kg）$$

 38. 以某矩形独立基础为例，如何计算其钢筋工程量？

平法施工图如图 2-26 所示，这是一个普通阶形独立基础，两阶高度为 200/200mm，其剖面示意图如图 2-27 所示。

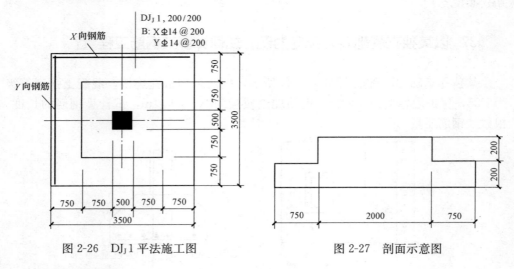

图 2-26　DJ$_J$1 平法施工图　　　　　图 2-27　剖面示意图

（1）X 向钢筋

$$长度＝x－2c＝3500－2×40＝3420$$

根数＝$Ceil\{[y－2×\min(75,s/2)]/s\}＋1＝Ceil[(3500－2×75)/200]＋1＝18(根)$

（2）Y 向钢筋

$$长度＝x－2c＝3500－2×40＝3420$$

根数＝$Ceil\{[y－2×\min(75,s/2)]/s\}＋1＝Ceil[(3500－2×75)/200]＋1＝18(根)$

 39. 以某长度缩短 10% 对称配筋为例，如何计算其钢筋工程量？

DJ$_P$2 平法施工图如图 2-28 所示，试计算 X 向和 Y 向钢筋。

DJ$_P$2 为正方形，X 向钢筋与 Y 向钢筋完全相同，本例中以 X 向钢筋为例进行计算，计算过程如下，钢筋示意图如图 2-29 所示。

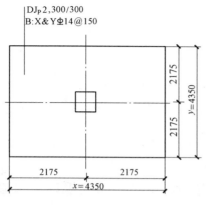

图 2-28　DJ~P~2 平法施工图

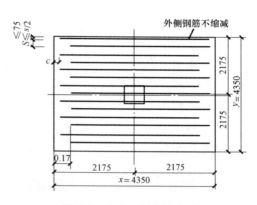

图 2-29　DJ~P~2 钢筋示意图

（1）X 向外侧钢筋长度＝基础边长－$2c$＝$x-2c$＝$4350-2\times40$＝4270（mm）

（2）X 向外侧钢筋根数＝2 根（一侧各一根）

（3）X 向其余钢筋长度＝基础边长－c－$0.1\times$基础边长＝$x-c-0.1l_x$＝$4350-40-0.1\times4350$＝3875（mm）

（4）X 向其余钢筋根数＝$\text{Ceil}\{[y-2\times\min(75,s/2)]/s\}-1$＝$\text{Ceil}[(4350-2\times75)/150]-1$＝$27$（根）

40. 以某长度缩短 10% 非对称配筋为例，如何计算其钢筋工程量？

DJ~P~3 平法施工图如图 2-30 所示，试计算其 X 向和 Y 向钢筋。

本例 Y 向钢筋与上例 DJ~P~2 完全相同，本例讲解 X 向钢筋的计算，计算过程如下，钢筋示意图如图 2-31 所示。

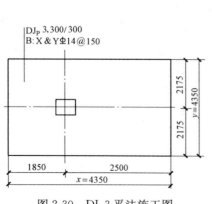

图 2-30　DJ~P~3 平法施工图

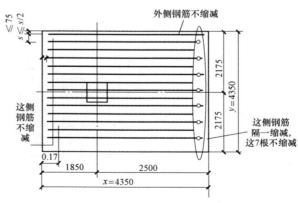

图 2-31　DJ~P~3 钢筋示意图

27

（1）X 向外侧钢筋长度＝基础边长－$2c$＝x－$2c$＝4350－$2×40$＝$4270mm$

（2）X 向外侧钢筋根数＝2 根（一侧各一根）

（3）X 向其余钢筋（两侧均不缩减）长度（与外侧钢筋相同）＝x－$2c$＝4350－$2×40$＝$4270mm$

（4）根数＝$Ceil[$（布置范围－两端起步距离）/间距$]$＋1＝$\{[y-2×\min(75,s/2)]/s-1\}/2$＝$[(4350-2×75)/150-1]/2$＝$14$（根）（右侧隔一缩减）

（5）X 向其余钢筋（右侧缩减的钢筋）长度＝基础边长－c－$0.1×$基础边长＝$x-c-0.1l_x$＝$4350-40-0.1×4350$＝$3875mm$

（6）根数＝14－1＝13 根（因为隔一缩减，所以比另一种少一根）

41. 以某多柱独立基础底板顶部钢筋为例，如何计算其钢筋工程量？

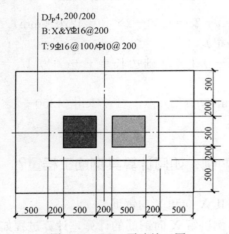

DJ$_P$4,200/200
B:X&YΦ16@200
T:9Φ16@100/Φ10@200

图 2-32　DJ$_P$4 平法施工图

某多柱独立基础底板顶部钢筋 DJ$_P$4 平法施工图如图 2-32 所示，混凝土强度为 C30，计算其分布筋工程量。

DJ$_P$4 钢筋计算简图，如图 2-33 所示。

DJ$_P$4 横向分布筋计算过程如下：

（1）2 号筋长度＝柱内侧边起算＋两端锚固；l_a＝200＋$2×30d$＝200＋$2×30×16$＝1160（mm）

（2）2 号筋根数＝$Ceil[$（柱宽 500－$50×2$）/$100]$＋1＝5（根）

（3）1 号筋长度＝柱中心线起算＋两端锚固 l_a＝250＋200＋250＋$2×30d$＝1660（mm）

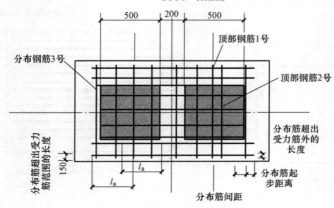

图 2-33　DJ$_P$4 钢筋计算简图

（4）1 号筋根数＝（总根数 9－5）＝4 根（一侧 2 根）

（5）分布筋长度（3 号筋）＝纵向受力筋布置范围长度＋两端超出受力筋外的长度（本书此值取构造长度 150mm）＝（受力筋布置范围 500＋2×150）＋两端超出受力筋外的长度 2×150＝1100（mm）

（6）分布筋根数＝Ceil［（1660－2×100）/200］＋1＝9（根）

42. 以某工程独立基础为例，如何计算其钢筋工程量？

（1）某工程中独立基础混凝土等级为 C30，保护层厚度为 40mm，其余尺寸如图 2-34 所示，试计算独立基础的钢筋量。

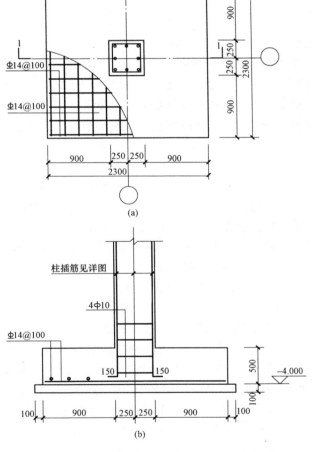

图 2-34　某工程中独立基础

（a）基础平面图；（b）1-1 基础剖面图

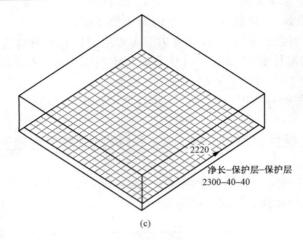

（c）

图 2-34　某工程中独立基础

（c）独立基础钢筋三维图及计算公式

基础底部钢筋工程量及计算公式如下：

单根横向边筋长度＝净长－保护层－保护层＝2300－40－40＝2220（mm）

横向边筋总长＝单根横向边筋长度×2＝2220×2＝4440（mm）

横向边筋总质量＝横向边筋总长×Φ14 理论质量＝4.44×1.21＝5.372（kg）

横向底筋根数＝（基础长度－保护层×2）/图示间距－边筋根数

　　　　　　＝Ceil［（2300－40×2）/100］－2

　　　　　　＝21（根）

横向底筋总长＝单根横向底筋长度×横向钢筋根数＝2220×21＝46 200（mm）

横向筋总质量＝横向筋总长×Φ14 理论质量＝46.2×1.21＝56.410（kg）

纵向边筋及纵向底筋计算过程同上，这里不做赘述。

（2）某工程中独立基础混凝土等级为 C30，保护层厚度为 40mm，其余尺寸如图 2-35 所示，试计算独立基础的钢筋量。

基础底部钢筋工程量及计算公式如下：

单根横向边筋长度＝净长－保护层－保护层＝2900－40－40＝2820（mm）

横向边筋总长＝单根横向边筋长度×2＝2820×2＝5640（mm）

横向边筋总质量＝横向边筋总长×Φ14 理论质量＝5640×1.21＝6.824（kg）

横向底筋长度＝基础横向长度×0.9＝2900×0.9＝2610（mm）

横向底筋根数＝（基础长度－保护层×2）/图示间距－边筋根数

　　　　　　＝Ceil［（2900－40×2）/100］－2＝27（根）

横向底筋总长＝单根横向底筋长度×横向钢筋根数＝2610×27＝70 470（mm）

横向筋总质量＝横向筋总长×Φ14 理论质量＝70.47×1.21＝85.269（kg）

纵向边筋及纵向底筋计算过程同上，这里不做赘述。

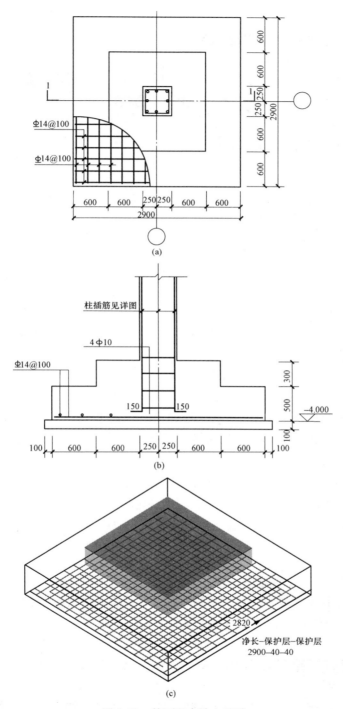

图 2-35 某工程中独立基础

(a) 基础平面图；(b) 1-1 基础剖面图；(c) 独立基础钢筋三维图及计算公式

43. 如何注写基础梁截面尺寸?

注写基础梁截面尺寸(必注内容)。注写 $b\times h$,表示梁截面宽度与高度。当为加腋梁时,用 $b\times h$ $Yc_1\times c_2$ 表示,其中,c_1 为腋长,c_2 为腋高。

44. 如何注写基础梁配筋?

(1)注写基础梁箍筋。

1)当具体设计仅采用一种箍筋间距时,注写钢筋级别、直径、间距与肢数(箍筋肢数写在括号内,下同)。

2)当具体设计采用两种箍筋时,用"/"分隔不同箍筋,按照从基础梁两端向跨中的顺序注写。先注写第 1 段箍筋(在前面加注箍筋道数),在斜线后注写第 2 段箍筋(不再加注箍筋道数)。

施工时应注意:两向基础梁相交的柱下区域,应有一向截面较高的基础梁按梁端箍筋贯通设置;当两向基础梁高度相同时,任选一向基础梁箍筋贯通设置。

(2)注写基础梁底部、顶部及侧面纵向钢筋。

1)以 B 打头,注写梁底部贯通纵筋(不应少于梁底部受力钢筋总截面面积的 1/3)。当跨中所注根数少于箍筋肢数时,需要在跨中增设梁底部架立筋以固定箍筋,采用"+"将贯通纵筋与架立筋相连,架立筋注写在加号后面的括号内。

2)以 T 打头,注写梁顶部贯通纵筋。注写时用分号将底部与顶部贯通纵筋分隔开,如有个别跨与其不同者按原位注写的规定处理。

3)当梁底部或顶部贯通纵筋多于一排时,用"/"将各排纵筋自上而下分开。

注:1. 基础梁的底部贯通纵筋,可在跨中 1/3 净跨长度范围内采用搭接连接、机械连接或焊接;

2. 基础梁的顶部贯通纵筋,可在距柱根 1/4 净跨长度范围内采用搭接连接,或在柱根附近采用机械连接或焊接,且应严格控制接头百分率。

4)以大写字母 G 打头注写梁两侧面对称设置的纵向构造钢筋的总配筋值(当梁腹板净高 $h_w\geq 450$mm 时,根据需要配置)。

45. 如何注写基础梁底面标高?

注写基础梁底面标高,当条形基础的底面标高与基础底面基准标高不同时,将条形基础底面标高注写在"( )"内。

46. 如何注解基础梁必要文字？

必要的文字注解，当基础梁的设计有特殊要求时，宜增加必要的文字注解。

 ## 47. 如何原位标注基础梁端或梁在柱下区域的底部全部纵筋？

原位标注基础梁端或梁在柱下区域的底部全部纵筋，包括底部非贯通纵筋和已集中注写的底部贯通纵筋。

（1）当梁端或梁在柱下区域的底部纵筋多于一排时，用"/"将各排纵筋自上而下分开。

（2）当同排纵筋有两种直径时，用"+"将两种直径的纵筋相连。

（3）当梁中间支座或梁在柱下区域两边的底部纵筋配置不同时，需在支座两边分别标注；当梁中间支座两边的底部纵筋相同时，可仅在支座的一边标注。

（4）当梁端（柱下）区域的底部全部纵筋与集中注写过的底部贯通纵筋相同时，可不再重复做原位标注。

 ## 48. 如何原位注写基础梁的附加箍筋或吊筋？

当两向基础梁十字交叉，但交叉位置无柱时，应根据抗力需要设置附加箍筋或（反扣）吊筋。

将附加箍筋或（反扣）吊筋直接画在平面十字交叉梁中刚度较大的条形基础主梁上，原位直接引注总配筋值（附加箍筋的肢数注在括号内）。当多数附加箍筋或（反扣）吊筋相同时，可在条形基础平法施工图上统一注明。少数与统一注明值不同时，再原位直接引注。

 ## 49. 如何原位注写基础梁外伸部位的变截面高度尺寸？

当基础梁外伸部位采用变截面高度时，在该部位原位注写 $b \times h_1/h_2$，其中，h_1 为根部截面高度，h_2 为尽端截面高度。

 ## 50. 如何原位注写修正内容？

当在基础梁上集中标注的某项内容（如截面尺寸、箍筋、底部与顶部贯通纵筋或架立筋、梁侧面纵向构造钢筋、梁底面标高等）不适用于某跨或某外伸部位时，将其修正内容原位标注在该跨或该外伸部位，施工时原位标注取值优先。

当在多跨基础梁的集中标注中已注明加腋，而该梁某跨根部不需要加腋时，则应在该跨原位标注无 $Yc_1 \times c_2$ 的 $b \times h$，以修正集中标注中的加腋要求。

 51. 基础梁底部非贯通纵筋的长度是如何规定的？

（1）为方便施工，凡基础梁柱下区域底部非贯通纵筋的伸出长度 a_0 值，当配置不多于两排时，在标准构造详图中统一取值为自柱边向跨内伸出至 $l_n/3$ 位置；当非贯通纵筋配置多于两排时，从第三排起向跨内的伸出长度值应由设计者注明。l_n 的取值规定为：边跨边支座的底部非贯通纵筋，l_n 取本边跨的净跨长度值；对于中间支座的底部非贯通纵筋，l_n 取支座两边较大一跨的净跨长度值。

（2）基础梁外伸部位底部纵筋的伸出长度 a_0 值，在标准构造详图中统一取值为：第一排伸出至梁端头后，全部上弯 $12d$；其他排钢筋伸至梁端头后截断。

（3）设计者在执行底部非贯通纵筋伸出长度的统一取值规定时，应注意按《混凝土结构设计规范》（GB 50010—2010）、《建筑地基基础设计规范》（GB 50007—2011）和《高层建筑混凝土结构技术规程》（JGJ 3—2010）的相关规定进行校核，若不满足则应另行变更。

 52. 条形基础底板的平面注写有哪些方式？

条形基础底板 TJB_P、JT 的平面注写方式，分集中标注和原位标注两部分内容，采用平面注写方式表达的条形基础设计施工图，如图 2-36 所示。

 53. 条形基础底板集中标注有哪些规定？

条形基础底板的集中标注内容为：条形基础底板编号、截面竖向尺寸、配筋三项必注内容，以及条形基础底板底面标高（与基础底面基准标高不同时）、必要的文字注解两项选注内容。

素混凝土条形基础底板的集中标注，除无底板配筋内容外，与钢筋混凝土条形基础底板相同。

具体规定如下：

（1）注写条形基础底板编号，见表 2-2。条形基础底板向两侧的截面形状通常有两种：

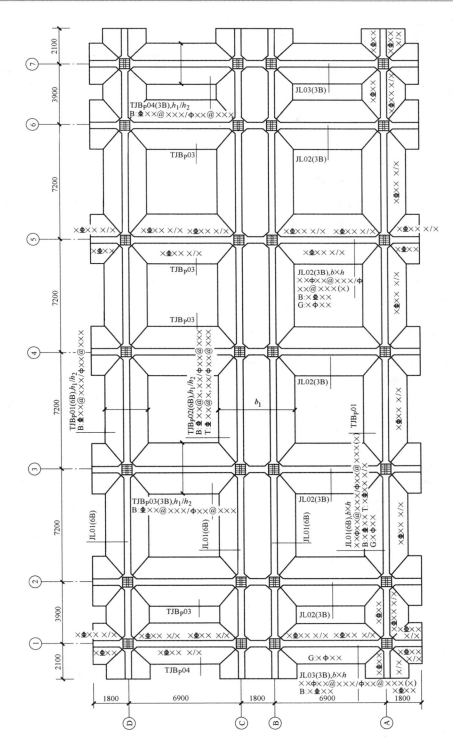

图 2-36　采用平面注写方式表达的条形基础设计施工图示意

表 2-2　　　　　　　　　　　　条形基础梁及底板编号

类　型		代　号	序　号	跨数及有无外伸
基础梁		JL	××	（××）端部无外伸
条形基础底板	坡形	TJB$_P$	××	（××A）一端有外伸
	阶形	TJB$_J$	××	（××B）两端有外伸

1）阶形截面，编号加下标"J"，如 TJB$_J$××（××）；
2）坡形截面，编号加下标"P"，如 TJB$_P$××（××）。
（2）注写条形基础底板截面竖向尺寸。
1）当条形基础底板为坡形截面时，注写为：h_1/h_2。如图 2-37 所示。
2）当条形基础底板为阶形截面时，如图 2-38 所示。

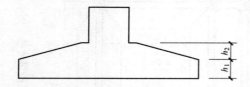

图 2-37　条形基础底板坡形截面竖向尺寸

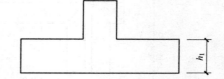

图 2-38　条形基础底板阶形截面竖向尺寸

图 2-38 为单阶，当为多阶时，各阶尺寸自下而上以"/"分隔顺写。
3）注写条形基础底板底部及顶部配筋（必注内容）。
以 B 打头，注写条形基础底板底部的横向受力钢筋；以 T 打头，注写条形基础底板顶部的横向受力钢筋；注写时，用"/"分隔条形基础底板的横向受力钢筋与构造配筋。
4）注写条形基础底板底面标高（选注内容）。当条形基础底板的底面标高与条形基础底面基准标高不同时，应将条形基础底板底面标高注写在"（　）"内。
5）必要的文字注解（选注内容）。当条形基础底板有特殊要求时，应增加必要的文字注解。

 ## 54. 条形基础底板原位标注有哪些规定？

（1）原位注写条形基础底板的平面尺寸。原位标注 b、b_i，$i＝1，2…$。其中，b 为基础底板总宽度，b_i 为基础底板台阶的宽度。当基础底板采用对称于基础梁的坡形截面或单阶形截面时，b_i 可不注，如图 2-39 所示。
素混凝土条形基础底板的原位标注与钢筋混凝土条形基础底板相同。
对于相同编号的条形基础底板，可仅选择一个进行标注。
梁板式条形基础存在双梁共用同一基础底板、墙下条形基础也存在双墙共用同一基础底板的情况，当为双梁或为双墙且梁或墙荷载差别较大时，条形基础两侧可取不同的宽度，实际宽度以原位标注的基础底板两侧非对称的不同台阶宽度 b_i 进行表达。

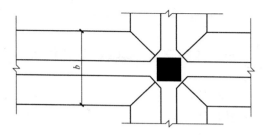

（2）原位注写修正内容。当在条形基础底板上集中标注的某项内容，如底板截面竖向尺寸、底板配筋、底板底面标高等，不适用于条形基础底板的某跨或某外伸部位时，可将其修正内容原位标注在该跨或该外伸部位，施工时原位标注取值优先。

图 2-39　条形基础底板平面尺寸原位标注

 55. 条形基础的截面注写有哪些方式？

条形基础的截面注写方式，可分为截面注写和列表注写两种表达方式。

 56. 条形基础如何进行界面标注？

对条形基础进行截面标注的内容和形式，与传统"单构件正投影表示方法"基本相同。对于已在基础平面布置图上原位标注清楚的该条形基础梁和条形基础底板的水平尺寸，可不在截面图上重复表达。

 57. 条形基础如何进行列表标注？

对多个条形基础可采用列表注写（结合截面示意图）的方式进行集中表达。表中内容为条形基础截面的几何数据和配筋，截面示意图上应标注与表中栏目相对应的代号。列表的具体内容规定如下：

（1）基础梁列表集中注写。

1）编号：注写 JL×× （××）、JL×× （××A) 或 JL×× （××B)。

2）几何尺寸：梁截面宽度与高度 $b \times h$。当为加腋梁时，注写 $b \times h$　$Y c_1 \times c_2$。

3）配筋：注写基础梁底部贯通纵筋＋非贯通纵筋，顶部贯通纵筋，箍筋。

当设计为两种箍筋时，箍筋注写为：第一种箍筋/第二种箍筋，第一种箍筋为梁端部箍筋，注写内容包括箍筋的箍数、钢筋级别、直径、间距与肢数。

（2）条形基础底板。条形基础底板列表集中注写栏目为：

1）编号：坡形截面编号为 $TJB_P \times \times$ （××）、$TJB_P \times \times$ （××A) 或 $TJB_P \times \times$ （××B)，阶形截面编号为 $TJB_J \times \times$ （××）、$TJB_J \times \times$ （××A) 或 $TJB_J \times \times$ （××B)。

2）几何尺寸：水平尺寸 b、b_i，$i=1$，$2\cdots$；竖向尺寸 h_1/h_2。

3）配筋：B：$\oplus \times \times @ \times \times \times / \oplus \times \times @ \times \times \times$。

58. 普通基础梁 JL 钢筋如何计算?

底部贯通纵筋长度＝梁长(含梁包柱侧腋)－c＋弯折 $15d$
顶部贯通纵筋长度＝梁长(含梁包柱侧腋)－c＋弯折 $15d$
双肢箍长度＝$(b-2c)\times2+(h-2c)\times2+(1.9d+10d)\times2$

59. 基础梁 JL 底部非贯通筋、架立筋如何计算?

底部贯通纵筋长度＝梁长(含梁包柱侧腋)－c＋弯折 $15d$
顶部贯通纵筋长度＝梁长(含梁包柱侧腋)－c＋弯折 $15d$
双肢箍长度＝$(b-2c)\times2+(h-2c)\times2+(1.9d+10d)\times2$

60. 以 JL01 基础梁为例，如何计算其钢筋工程量?

JL01 的平法施工图，如图 2-40 所示。保护层厚度 $c=25mm$，梁包柱侧腋为 50mm，试计算该钢筋的工程量。

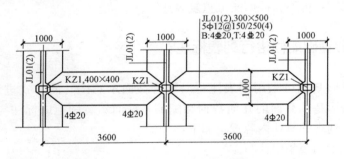

图 2-40　JL01 平法施工图

（1）顶部贯通纵筋 4$\oplus$20。
顶部贯通纵筋长度＝梁长(含梁包柱侧腋)－c＋弯折 $15d$

$\qquad = (3600\times2+200\times2+50\times2)-2\times25+2\times15\times20$

$\qquad = 8250$（mm）

（2）底部贯通纵筋 4$\oplus$20。
底部贯通纵筋长度＝梁长(含梁包柱侧腋)－c＋弯折 $15d$

$\qquad = (3600\times2+200\times2+50\times2)-2\times25+2\times15\times20$

$\qquad = 8250$（mm）

（3）箍筋。

由双肢箍长度＝$(b-2c)\times 2+(h-2c)\times 2+(1.9d+10d)\times 2$，得：

外大箍筋长度＝$(300-2\times 25)\times 2+(500-2\times 25)\times 2+2\times 11.9\times 12$

$\qquad\qquad =1686$（mm）

内小箍筋长度＝$[(300-2\times 25-20-24)/3+20+24]\times 2+$

$\qquad\qquad (500-2\times 25)\times 2+2\times 11.9\times 12$

$\qquad\qquad =1411$（mm）

箍筋根数：

第一跨：$5\times 2+6=16$（根）

中间箍筋根数＝$(3600-200\times 2-50\times 2-150\times 5\times 2)/250-1=6$（根）

第二跨箍筋根数同第一跨，为 16 根。

节点内箍筋根数＝Ceil（400/150）＝3（根）

JL01 箍筋总根数为：

外大箍筋根数＝$16\times 2+3\times 3=41$（根）

内小箍筋根数＝41 根

注：JL 箍筋不是从梁边布置，而是从柱边起布置。

 61. 以 JL02 基础梁为例，如何计算其钢筋工程量？

JL02 的平法施工图，如图 2-41 所示。保护层厚度 $c=25$mm，梁包柱侧腋为 50mm，试计算该钢筋的工程量。

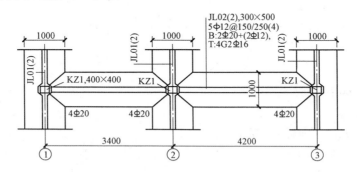

图 2-41　JL02 平法施工图

（1）顶部贯通纵筋 4Φ20。

长度＝$(3400+4200+200\times 2+50\times 2)-2\times 25+2\times 15\times 20=8650$（mm）

（2）底部贯通纵筋 2Φ20。

长度＝$(3400+4200+200\times 2+50\times 2)-2\times 25+2\times 15\times 20=8650$（mm）

（3）箍筋。

外大箍长度＝(300 — 2×25)×2＋(500 — 2×25)×2＋2×11.9×12

    ＝1686（mm）

内小箍筋长度＝[(300 — 2×25 — 20 — 24)/3＋20＋24]×2＋

     (500 — 2×25)×2＋2×11.9×12

     ＝1411（mm）

箍筋根数：

第一跨：5×2＋5＝15（根）

中间箍筋根数＝Ceil[(3400 — 200×2 — 50×2 — 150×5×2)/250]— 1＝5（根）

第二跨：5×2＋8＝18（根）

中间箍筋根数＝Ceil[(4200 — 200×2 — 50×2 — 150×5×2)/250]— 1＝8（根）

节点内箍筋根数＝Ceil（400/150）＝3（根）

JL02 箍筋总根数为：

外大箍根数＝15＋18＋3×3＝42（根）

内小箍根数＝42（根）

（4）底部端部非贯通筋 2Φ20。

长度＝延伸长度 $l_n/3$＋支座宽度 h_c＋梁包柱侧腋 — c＋弯折 15d

  ＝(4200 — 400)/3＋400＋50 — 25＋15×20

  ＝1992（mm）

（5）底部中间柱下区域非贯通筋 2Φ20。

   长度＝2×l_n/3＋h_c＝2×(4200 — 400)/3＋400＝2933（mm）

（6）底部架立筋 2Φ12。

第一跨底部架立筋长度＝(3400 — 400)—(3400 — 400)/3 —

     (4200 — 400)/3＋2×150

    ＝1033（mm）

第二跨底部架立筋长度＝(4200 — 400)— 2×[(4200 — 400)/3]＋2×150

    ＝1567（mm）

拉筋（Φ8）间距为最大箍筋间距的 2 倍。

第一跨拉筋根数＝Ceil{[3400 — 2×(200＋50)]/500}＋1＝7（根）

第二跨拉筋根数＝Ceil{[4200 — 2×(200＋50)]/500}＋1＝9（根）

62. 以 JL03 基础梁为例，如何计算其钢筋工程量？

JL03 平法施工图，如图 2-42 所示，保护层厚度 c＝25mm，l_a＝29d，梁包柱侧腋＝50mm，试计算该钢筋工程量。

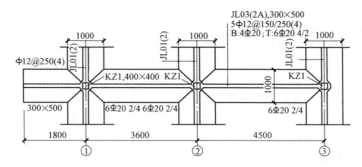

图 2-42　JL03 平法施工图

（1）底部贯通纵筋 4Φ20。

　　　　长度＝（3600＋4500＋1800＋200＋50）－2×25＋15×20＋12×50

　　　　＝10 640（mm）

（2）顶部贯通纵筋上排 4Φ20。

　　　　长度＝（3600＋4500＋1800＋200＋50）－2×25＋15×20＋12×50

　　　　＝10 640（mm）

（3）顶部贯通纵筋下排 4Φ20。

　　　　长度＝（3600－200）＋4500＋（200＋50－25＋15d）＋29d

　　　　＝（3600－200）＋4500＋（200＋50－25＋15×20）＋29×20

　　　　＝8905（mm）

（4）箍筋。

外大箍筋长度＝（300－2×25）×2＋（500－2×25）×2＋2×11.9×12

　　　　　　＝1686（mm）

内小箍筋长度＝[（300－2×25－200－24）/3＋20＋24]×2＋（500－2×25）×

　　　　　　2＋2×11.9×12＝1411（mm）

箍筋根数：

第一跨：5×2＋6＝16（根）

两端各 5Φ12

　　中间箍筋根数＝（3600－200×2－50×2－150×5×2）/250－1＝6（根）

第二跨：5×2＋9＝19（根）

两端各 5Φ12

　　中间箍筋根数＝Ceil[（4500－200×2－50×2－150×5×2）/250]－1＝9（根）

　　　　　节点内箍筋根数＝400/150＝3（根）

　　　　外伸部位箍筋根数＝Ceil[（1800－200－2×50）/250]＋1＝7（根）

JL03 箍筋总根数为：

　　　　　外大箍筋根数＝16＋19＋3×3＋7＝51（根）

　　　　　内小箍筋根数＝51（根）

(5) 底部外伸端非贯通筋 2Φ20。

长度＝支座宽度 h_c 延伸长度 $l_n/3$＋伸至端部

＝400＋[(3600－400)/3]＋(1800－200－25)

＝3042（mm）

(6) 底部中间柱下区域非贯通筋 2Φ20。

长度＝支座宽度 h_c＋延伸长度 $l_n/3×2$＝400＋2×[(4500－400)/3]

＝3134（mm）

(7) 底部右端非贯通筋 2Φ20。

长度＝支座宽度 h_c＋延伸长度 ln3＋升至端部

＝(4500－400)/3＋400＋50－25＋15d

＝(4500－400)/3＋400＋50－25＋15×20＝1492（mm）

63. 以 JL04 基础梁为例，如何计算其钢筋工程量？

JL04 平法施工图如图 2-43 所示，保护层厚度 c＝25mm，l_a＝29d，梁包柱侧腋＝50mm，试计算该钢筋工程量。

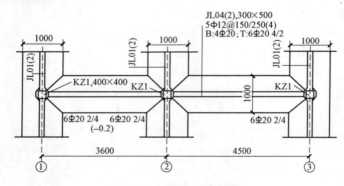

图 2-43　JL04 平法施工图

(1) 第一跨底部贯通纵筋 4Φ20。

长度＝3600＋(200＋50－25＋15d)＋(200－25＋$\sqrt{200^2＋200^2}＋29d$)

＝3600＋(200＋50－25＋15×20)＋(200－25＋$\sqrt{200^2＋200^2}＋29×20$)

＝5163（mm）

(2) 第二跨底部贯通纵筋 4Φ20。

长度＝4500－200＋29d＋200＋50－25＋15d

＝4500－200＋29×20＋200＋50－25＋15×20

＝5405（mm）

(3) 第一跨左端底部非贯通纵筋 2Φ20。

$$长度=(4500-400)/3+400+50-25+15d$$
$$=(4500-400)/3+400+50-25+15\times20$$
$$=2090\text{（mm）}$$

（4）第一跨右端底部非贯通筋 2Φ20。

$$长度=(4500-400)/3+400+\sqrt{200^2+200^2}+29d$$
$$=(4500-400)/3+400+\sqrt{200^2+200^2}+29\times20$$
$$=2630\text{（mm）}$$

（5）第二跨左端底部非贯通纵筋 2Φ20。

$$长度=(4500-400)/3+400+50-25+15d$$
$$=(4500-400)/3+(29\times20-200)$$
$$=1747\text{（mm）}$$

（6）第二跨右端底部非贯通纵筋 2Φ20。

$$长度=(4500-400)/3+400+50-25+15d$$
$$=(4500-400)/3+400+50-25+15\times20$$
$$=2092\text{（mm）}$$

（7）第一跨顶部贯通筋 6Φ20。

$$长度=3600+200+50-25+15d-200+29d$$
$$=3600+200+50-25+15\times20-200+29\times20$$
$$=4505\text{（mm）}$$

（8）第二跨顶部第一排贯通筋 4Φ20。

$$长度=4500+(200+50-25+15d)+200+50-25+200(高差)+29d$$
$$=4500+(200+50-25+15\times20)+(200+50-25+200+29\times20)$$
$$=6030\text{（mm）}$$

（9）第二跨顶部第二排贯通筋 2Φ20。

$$长度=4500+400+50-25+2\times15d$$
$$=4500+400+50-25+2\times15\times20$$
$$=5525\text{（mm）}$$

（10）箍筋。

$$外大箍筋长度=(300-2\times25)\times2+(500-2\times25)\times2+2\times11.9\times12$$
$$=1686\text{（mm）}$$

$$内小箍筋长度=[(300-2\times25-20-24)/3+20+24]\times2+(500-2\times25)\times$$
$$2+2\times11.9\times12=1411\text{（mm）}$$

箍筋根数：

1）第一跨：$5\times2+6=16$（根）

两端各 5Φ12；

中间箍筋根数$=\text{Ceil}[(3600-200\times2-50\times2-150\times5\times2)/250]-1=6$（根）

节点内箍筋根数＝400/150＝3（根）

2）第二跨：$5×2＋9＝19$（根）

左端 5Φ12，斜坡水平长度为 200，故有 2 根位于斜坡上，这 2 根箍筋高度取 700 和 500 的平均值计算：

外大箍筋长度＝$(300－2×25)×2＋(600－2×25)×2＋2×11.9×12$
$$＝1886（mm）$$

内小箍筋长度＝$[(300－2×25－20－24)/3＋20＋24]×2＋(600－2×25)×$
$$2＋2×11.9×12＝1611（mm）$$

右端 5Φ12：

中间箍筋根数＝$Ceil[(4500－200×2－50×2－150×5×2)/250]－1＝9$（根）

3）箍筋总根数：

外大箍筋根数＝$16＋19＋3×3＝44$（根）（位于斜坡上的 2 根长度不同）

里小箍筋根数＝44（根）（位于斜坡上的 2 根长度不同）

64. 以 TJP$_P$01 底板底部钢筋为例，如何计算其钢筋?

TJP$_P$01 平法施工图如图 2-44 所示，保护层厚度 $c＝40mm$，分布筋与同向受力筋搭接长度＝150mm，起步距离＝$s/2$，试计算其钢筋工程量。

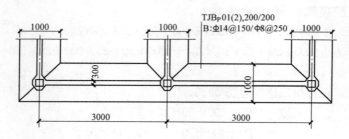

图 2-44 TJP$_P$01 平法施工图

（1）受力筋Φ14@150。

长度＝条形基础底板宽度$－2c＝1000－2×40＝920$（mm）

根数＝$Ceil[(3000×2＋2×500－2×75)/150]＋1＝47$（根）

（2）分布筋Φ8@250。

长度＝$3000×2－2×500＋2×40＋2×150＝5380$（mm）

单侧根数＝$Ceil[(500－150－2×125)/250]＋1＝2$（根）

（3）计算简图。

计算简图如图 2-45 所示。

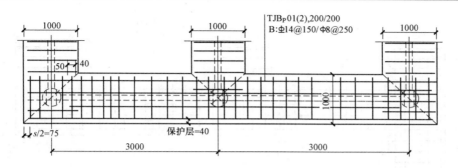

图 2-45　计算简图

65. 以 TJP$_P$02 底板底部钢筋为例，如何计算其钢筋工程量?

TJP$_P$02 平法施工图如图 2-46 所示，保护层厚度 $c=40$mm，分布筋与同向受力筋搭接长度$=150$mm，起步距离$=s/2$，丁字交接处，一向受力筋贯通，另一向受力筋伸入布置的范围$=b/4$，试计算其钢筋工程量。

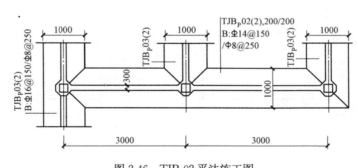

图 2-46　TJP$_P$02 平法施工图

(1) 受力筋$\Phi14@150$。

长度$=$条形基础底板宽度$-2c=1000-2\times40=920$（mm）

根数$=$Ceil[$(3000\times2-75+1000/4)/150$]$+1=43$（根）

(2) 分布筋$\Phi8@250$。

长度$=3000\times2-2\times500+2\times40+2\times150=5380$（mm）

单侧根数$=$Ceil[$(500-150-2\times125)/250$]$+1=2$（根）

(3) 计算简图。

计算简图如图 2-47 所示。

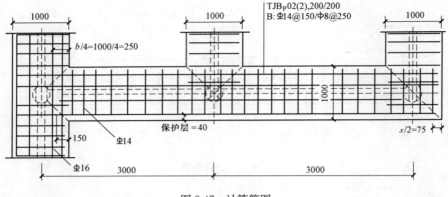

图 2-47 计算简图

66. 以 TJP$_P$03 底板底部钢筋为例，如何计算其钢筋工程量？

TJP$_P$03 平法施工图如图 2-48 所示，保护层厚度 $c=40$mm，分布筋与同向受力筋搭接长度$=150$mm，起步距离$=s/2$，十字交接处，一向受力筋贯通，另一向受力筋伸入布置的范围$=b/4$，试计算其钢筋工程量。

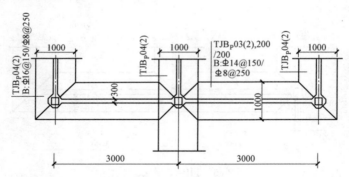

图 2-48 TJP$_P$03 平法施工图

(1) 受力筋 $\Phi14@150$。

$$长度=条形基础底板宽度-2c=1000-2\times40=920 （mm）$$

$$根数=26\times2=52 （根）$$

$$第一跨=Ceil[(3000-75+1000/4)/150]+1=23 （根）$$

$$第二跨=Ceil[(3000-75+1000/4)/150]+1=23 （根）$$

(2) 分布筋 $\Phi8@250$。

$$长度=3000\times2-2\times500+2\times40+2\times150=5380 （mm）$$

$$单侧根数=Ceil[(500-150-2\times125)/250]+1=2 （根）$$

(3) 计算简图。

计算简图如图 2-49 所示。

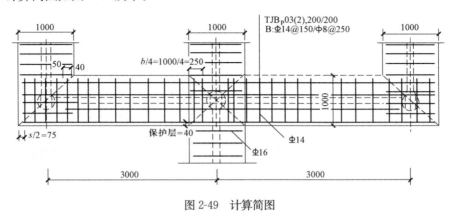

图 2-49　计算简图

67. 以 TJP$_P$04 底板底部钢筋为例,如何计算其钢筋工程量?

TJP$_P$04 平法施工图如图 2-50 所示,保护层厚度 $c=40$mm,分布筋与同向受力筋搭接长度$=150$mm,起步距离$=s/2$,丁字交接处,一向受力筋贯通,另一向受力筋伸入布置的范围$=b/4$,试计算其钢筋工程量。

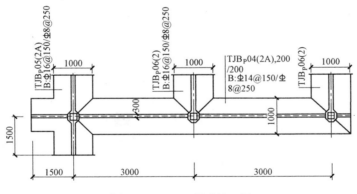

图 2-50　TJP$_P$04 平法施工图

(1) 受力筋Φ14@150。

长度$=$条形基础底板宽度$-2c=1000-2\times40=920$（mm）

根数$=50+9=59$（根）

非外伸段根数$=$Ceil[（$3000\times2-75+1000/4$）/150]$+1=43$（根）

外伸段根数$=$Ceil[（$1500-500-75+1000/4$）/150]$+1=9$（根）

(2) 分布筋Φ8@250。

非外伸段长度$=3000\times2-2\times500+2\times40+2\times150=5380$（mm）

外伸段长度＝1500－500－40＋40＋150＝1150（mm）

单侧根数＝Ceil[(500－150－2×125)/250]＋1＝2（根）

（3）计算简图。

计算简图如图 2-51 所示。

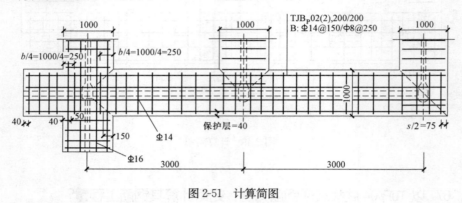

图 2-51　计算简图

68. 以某工程中条形独立基础为例，如何计算其钢筋工程量？

某工程中条形独立基础混凝土等级为 C30，保护层厚度为 40mm，其余尺寸见平面图与剖面图，如图 2-52 所示，试计算独立基础的钢筋量，并进行钢筋翻样。

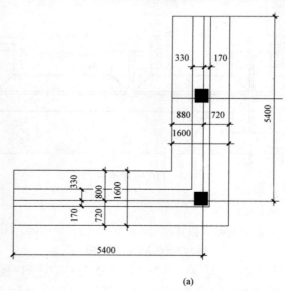

(a)

图 2-52　某工程中条形独立基础

（a）条基平面图

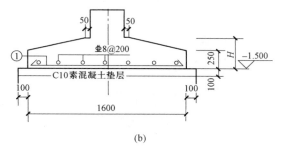

(b)

其中：①钢筋为⊈12@200，*H* 为350mm。

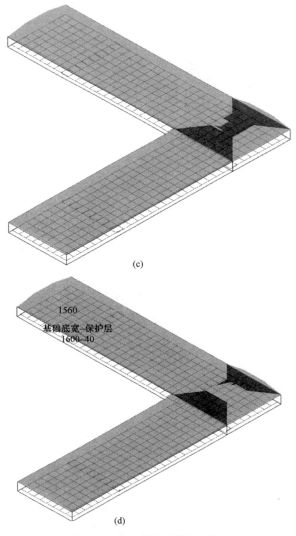

(c)

(d)

图2-52　某工程中条形独立基础

(b) 无梁配筋剖面；(c) 条基底筋效果图；(d) 条基端部钢筋

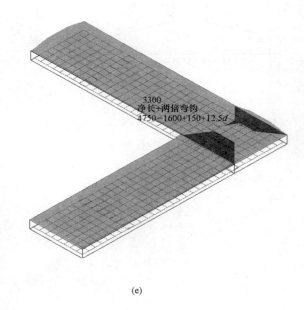

(e)

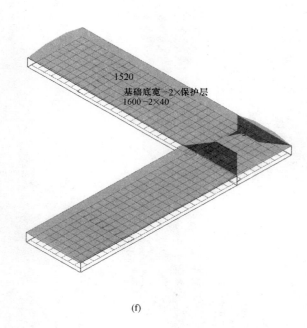

(f)

图 2-52　某工程中条形独立基础

(e) 分布筋；(f) 受力筋

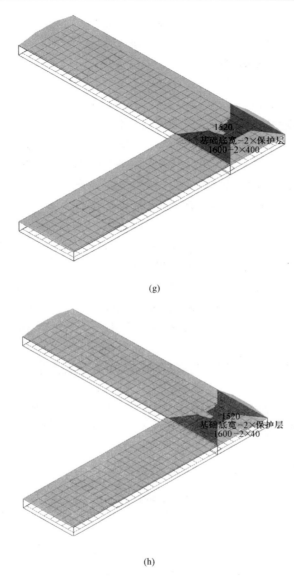

(g)

(h)

图 2-52　某工程中条形独立基础

（g）基础转角处钢筋 1；（h）基础转角处钢筋 2

（1）本题中端部分布筋型号同受力筋Φ12@200，其工程量及计算公式如下：

单端根数＝Ceil[（1600－40×2）/200]＋1＝9（根）

两个端部总根数＝单端根数×2＝9×2＝18（根）

单根长度＝基础底宽－保护层＝1600－40＝1560（mm）

两个端部总长度＝单根长度×两个端部总根数＝1560×18＝28 080（mm）

两个端部总质量＝两个端部总长度×Φ12 理论质量＝28.08×0.888＝24.935（kg）

（2）分布筋型号同受力筋⚑8@200，其工程量及计算公式如下：

单端根数＝Ceil[（1600－40×2）/200]＋1＝9（根）

两个条基总根数＝单端根数×2＝9×2＝18（根）

单根长度＝净长＋两端弯钩＝（5400－1600－800＋150×2）＋6.25d×2

＝3400（mm）

两个条基总长度＝单根长度×两个端部总根数＝3400×18＝61 200（mm）

两个条基总质量＝两个条基总长度×⚑8 理论质量＝61.2×0.395＝24.174（kg）

需要注意的是根据 11G101 图集中规定，条基分布筋净长度计算时，分布筋与受力筋搭接 150mm，本题分布筋净长（5400－1600－800＋150×2）＝3300（mm）正是包含了，两个 150mm 搭接长度后的净长。

（3）受力筋⚑12@200，其工程量及计算公式如下：

单个条基受力筋根数＝Ceil[（5400＋800－40×2）/200]＋1＝32（根）

两个条基受力筋总根数＝单个条基受力筋根数×2＝32×2＝64（根）

单根长度＝基础底宽－保护层×2＝1600－40×2＝1520（mm）

两个端部总长度＝单根长度×两个端部总根数＝1520×64＝97 280（mm）

两个端部总质量＝两个端部总长度×⚑12 理论质量＝97.28×0.888＝86.385（kg）

 69. 基础主梁与基础次梁的集中标注有哪些规定？

基础主梁 JL 与基础次梁 JCL 的集中标注内容为：基础梁编号、截面尺寸、配筋三项必注内容，以及基础梁底面标高高差（相对于筏形基础平板底面标高）一项选注内容。具体规定如下：

（1）注写基础梁的编号，见表 2-3。

表 2-3　　　　　　　　　　梁板式筏形基础构件编号

构件类型	代号	序号	跨数及有无外伸
基础主梁（柱下）	JL	××	（××）或（××A）或（××B）
基础次梁	JCL	××	（××）或（××A）或（××B）
梁板筏基础平板	LPB	××	

注：1. （××A）为一端有外伸，（××B）为两端有外伸，外伸不计入跨数。

　　2. 梁板式筏形基础平板跨数及是否有外伸分别在 X、Y 两向的贯通纵筋之后表达，图面从左至右为 X 向，从下至上为 Y 向。

　　3. 梁板式筏形基础主梁和条形基础梁编号与标准构造详图一致。

（2）注写基础梁的截面尺寸。以 $b×h$ 表示梁截面宽度与高度；当为加腋梁时，用 $b×h$　Yc_1×c_2 表示，其中，c_1 为腋长，c_2 为腋高。

（3）注写基础梁的配筋。

1）注写基础梁箍筋。

①当采用一种箍筋间距时，注写钢筋级别、直径、间距与肢数（写在括号内）。

②当采用两种箍筋时，用"/"分隔不同箍筋，按照从基础梁两端向跨中的顺序注写。先注写第一段箍筋（在前面加注箍筋数），在斜线后再注写第二段箍筋（不再加注箍筋数）。

2）注写基础梁的底部、顶部及侧面纵向钢筋。

①以 B 打头，先注写梁底部贯通纵筋（不应少于底部受力钢筋总截面面积的1/3）。当跨中所注根数少于箍筋肢数时，需要在跨中加设架立筋以固定箍筋，注写时，用"＋"将贯通纵筋与架立筋相连，架立筋注写在加号后面的括号内。

②以 T 打头，注写梁顶部贯通筋值。注写时用"；"将底部与顶部纵筋分隔开。

③当梁底部或顶部贯通筋多于一排时，用"/"将各排纵筋自上而下分开。

④以大写字母 G 打头注写基础梁两侧面对称设置的纵向构造钢筋的总配筋值（当梁腹板高度 $h_w \geqslant 450\text{mm}$ 时，根据需要配置）。

⑤当需要配置抗扭纵向钢筋时，梁两个侧面设置的抗扭纵向钢筋以 N 打头。

（4）注写基础梁底面标高高差（指相对于筏形基础平板底面标高的高差值），该项为选注值。有高差时需将高差写入括号内（如"高板位"与"中板位"基础梁的底面与基础平板底面标高的高差值），无高差时不注（如"低板位"筏形基础的基础梁）。

70. 基础主梁与基础次梁的原位标注有哪些规定？

（1）注写梁端（支座）区域的底部全部纵筋，包括已经集中注写过的贯通纵筋在内的所有纵筋。

1）当梁端（支座）区域的底部纵筋多于一排时，用"/"将各排纵筋自上而下分开。

2）当同排纵筋有两种直径时，用"＋"将两种直径的纵筋相连。

3）当梁中间支座两边的底部纵筋配置不同时，需在支座两边分别标注；当梁中间支座两边的底部纵筋相同时，可仅在支座的一边标注配筋值。

4）当梁端（支座）区域的底部全部纵筋与集中注写过的贯通纵筋相同时，可不再重复做原位标注。

5）加腋梁加腋部位钢筋，需在设置加腋的支座处以 Y 打头注写在括号内。

（2）注写基础梁的附加箍筋或（反扣）吊筋。将其直接画在平面图中的主梁上，用线引注总配筋值（附加箍筋的肢数注在括号内），当多数附加箍筋或（反扣）吊筋相同时，可在基础梁平法施工图上统一注明，少数与统一注明值不同时，再原位引注。

（3）当基础梁外伸部位变截面高度时，在该部位原位注写 $b \times h_1/h_2$，其中，h_1

为根部截面高度，h_2 为尽端截面高度。

（4）注写修正内容。当在基础梁上集中标注的某项内容（如梁截面尺寸、箍筋、底部与顶部贯通纵筋或架立筋、梁侧面纵向构造钢筋、梁底面标高高差等）不适用于某跨或某外伸部位时，则将其修正内容原位标注在该跨或该外伸部位，施工时原位标注取值优先。

当在多跨基础梁的集中标注中已注明加腋，而该梁某跨根部不需要加腋时，则应在该跨原位标注等截面的 $b×h$，以修正集中标注中的加腋信息。

 71. 梁板式筏形基础平板的平面注写有哪些方式？

梁板式筏形基础平板 LPB 的平面注写，分板底部与顶部贯通纵筋的集中标注与板底部附加非贯通纵筋的原位标注两部分内容。当仅设置贯通纵筋而未设置附加非贯通纵筋时，则仅做集中标注。

梁板式筏形基础平板 LPB 的平面注写规定，同样适用于钢筋混凝土墙下的基础平板。

 72. 梁板式筏形基础平板的集中标注有哪些规定？

梁板式筏形基础平板 LPB 贯通纵筋的集中标注，应在所表达的板区双向均为第一跨（X 与 Y 双向首跨）的板上引出（图面从左至右为 X 向，从下至上为 Y 向）。

集中标注的内容规定如下：

（1）注写基础平板的编号，见表 2-3。

（2）注写基础平板的截面尺寸。注写 $h=×××$ 表示板厚。

（3）注写基础平板的底部与顶部贯通纵筋及其总长度。先注写 X 向底部（B 打头）贯通纵筋与顶部（T 打头）贯通纵筋及纵向长度范围；再注写 Y 向底部（B 打头）贯通纵筋与顶部（T 打头）贯通纵筋及纵向长度范围（图面从左至右为 X 向，从下至上为 Y 向）。

贯通纵筋的总长度注写在括号中，注写方式为"跨数及有无外伸"，其表达形式为：（××）（无外伸）、（××A）（一端有外伸）或（××B）（两端有外伸）。

当贯通筋采用两种规格钢筋"隔一布一"方式时，表达为 $xx/yy@×××$，表示直径 xx 的钢筋和直径 yy 的钢筋之间的间距为 $×××$，直径为 xx 的钢筋、直径为 yy 的钢筋间距分别为 $×××$ 的 2 倍。

 73. 梁板式筏形基础平板的原位标注有哪些规定？

梁板式筏形基础平板 LPB 的原位标注，主要表达板底部附加非贯通纵筋。

（1）原位注写的位置及内容。板底部原位标注的附加非贯通纵筋，应在配置相同跨的第一跨表达（当在基础梁悬挑部位单独配置时则在原位表达）。在配置相同跨的第一跨（或基础梁外伸部位），垂直于基础梁绘制一段中粗虚线（当该筋通长设置在外伸部位或短跨板下部时，应延至对边或贯通短跨），在虚线上注写编号（如①、②等）、配筋值、横向布置的跨数及是否布置到外伸部位。

　　注：（××）为横向布置的跨数，（××A）为横向布置的跨数及一端基础梁的外伸部位，（××B）为横向布置的跨数及两端基础梁外伸部位。

板底部附加非贯通纵筋向两边跨内的伸出长度值注写在线段的下方位置。当该筋向两侧对称伸出时，可仅在一侧标注，另一侧不注；当布置在边梁下时，向基础平板外伸部位一侧的伸出长度与方式按标准构造，设计不注。底部附加非贯通筋相同者，可仅注写一处，其他只注写编号。

横向连续布置的跨数及是否布置到外伸部位，不受集中标注贯通纵筋的板区限制。

原位注写的底部附加非贯通纵筋与集中标注的底部贯通钢筋，宜采用"隔一布一"的方式布置，即基础平板（X 向或 Y 向）底部附加非贯通纵筋与贯通纵筋间隔布置，其标注间距与底部贯通纵筋相同（两者实际组合后的间距为各自标注间距的 1/2）。

（2）注写修正内容。当集中标注的某些内容不适用于梁板式筏形基础平板某板区的某一板跨时，应由设计者在该板跨内注明，施工时应按注明内容取用。

（3）当若干基础梁下基础平板的底部附加非贯通纵筋配置相同时（其底部、顶部的贯通纵筋可以不同），可仅在一根基础梁下做原位注写，并在其他梁上注明"该梁下基础平板底部附加非贯通筋同××基础梁"。

74. 柱下板带、跨中板带的平面注写有哪些方式？

柱下板带 ZXB（视其为无箍筋的宽扁梁）与跨中板带 KZB 的平面注写，分板带底部与顶部贯通纵筋的集中标注与板带底部附加非贯通纵筋的原位标注两部分内容。

柱下板带 ZXB 与跨中板带 KZB 的注写规定，同样适用于平板式筏形基础上局部有剪力墙的情况。

75. 柱下板带、跨中板带的集中标注有哪些规定？

柱下板带与跨中板带的集中标注，应在第一跨（X 向为左端跨，Y 向为下端跨）引出。具体规定如下：

（1）注写编号，见表 2-4。

表 2-4 平板式筏形基础构件编号

构件类型	代 号	序 号	跨数及有无外伸
柱下板带	ZXB	××	(××) 或 (××A) 或 (××B)
跨中板带	KZB	××	(××) 或 (××A) 或 (××B)
平板筏基础平板	BPB	××	—

注：1. (××A) 为一端有外伸，(××B) 为两端有外伸，外伸不计入跨数。

2. 平板式筏形基础平板，其跨数及是否有外伸分别在 X、Y 两向的贯通纵筋之后表达。图面从左至右为 X 向，从下至上为 Y 向。

（2）注写截面尺寸，注写 $b=××××$ 表示板带宽度（在图注中注明基础平板厚度）。确定柱下板带宽度应根据规范要求与结构实际受力需要。当柱下板带宽度确定后，跨中板带宽度亦随之确定（即相邻两平行柱下板带之间的距离）。当柱下板带中心线偏离柱中心线时，应在平面图上标注其定位尺寸。

（3）注写底部与顶部贯通纵筋。注写底部贯通纵筋（B 打头）与顶部贯通纵筋（T 打头）的规格与间距，用"；"将其分隔开。柱下板带的柱下区域，通常在其底部贯通纵筋的间隔内插空设有（原位注写的）底部附加非贯通纵筋。

76. 柱下板带、跨中板带的原位标注有哪些内容？

（1）注写内容。以一段与板带同向的中粗虚线代表附加非贯通纵筋；柱下板带：贯穿其柱下区域绘制；跨中板带：横贯柱中线绘制。在虚线上注写底部附加非贯通纵筋的编号（如①、②等）、钢筋级别、直径、间距，以及自柱中线分别向两侧跨内的伸出长度值。当向两侧对称伸出时，长度值可仅在一侧标注，另一侧不注。外伸部位的伸出长度与方式按标准构造，设计不注。对同一板带中底部附加非贯通筋相同者，可仅在一根钢筋上注写，其他可仅在中粗虚线上注写编号。

原位注写的底部附加非贯通纵筋与集中标注的底部贯通纵筋，宜采用"隔一布一"的方式布置，即柱下板带或跨中板带与底部贯通纵筋相同（两者实际组合的间距为各自标注间距的 1/2）。

当跨中板带在轴线区域不设置底部附加非贯通纵筋时，则不做原位注写。

（2）注写修正内容。当在柱下板带、跨中板带上集中标注的某些内容（如截面尺寸、底部与顶部贯通纵筋等）不适用于某跨或某外伸部位时，则将修正的数值原位标注在该跨或该外伸部位，施工时原位标注取值优先。

77. 平板式筏形基础平板的平面注写有哪些方式？

平板式筏形基础平板 BPB 的平面注写，分板底部与顶部贯通纵筋的集中标注与板底部附加非贯通纵筋的原位标注两部分内容。当仅设置底部与顶部贯通纵筋而未设置底部附加非贯通纵筋时，则仅做集中标注。

基础平板 BPB 的平面注写与柱下板带 ZXB、跨中板带 KZB 的平面注写为不同的表达方式，但可以表达同样的内容。当整片板式筏形基础配筋比较规律时，宜采用 BPB 表达方式。

平板式筏形基础平板 BPB 的平面注写规定，同样适用于平板式筏形基础上局部有剪力墙的情况。

 78. 平板式筏形基础平板的集中标注有哪些规定?

平板式筏形基础平板 BPB 的集中标注，按表 2-4 注写编号，其他规定与梁板式筏形基础的 LPB 贯通纵筋的集中标注相同。

当某向底部贯通纵筋或顶部贯通纵筋的配置，在跨内有两种不同间距时，先注写跨内两端的第一种间距，并在前面加注纵筋根数（以表示其分布的范围）；再注写跨中部的第二种间距（不需加注根数）；两者用"/"分隔。

79. 平板式筏形基础平板的原位标注有哪些规定?

平板式筏形基础平板 BPB 的原位标注，主要表达横跨柱中心线下的底部附加非贯通纵筋。

（1）原位注写的位置及内容。在配置相同的若干跨的第一跨下，垂直于柱中线绘制一段中粗虚线代表底部附加非贯通纵筋，在虚线上的注写内容与梁板式筏形基础施工图制图规则中在虚线上的标注内容相同。

当柱中心线下的底部附加非贯通纵筋（与柱中心线正交）沿柱中心线连续若干跨配置相同时，则在该连续跨的第一跨下原位注写，且将同规格配筋连续布置的跨数注在括号内；当有些跨配置不同时，则应分别原位注写。外伸部位的底部附加非贯通纵筋应单独注写（当与跨内某筋相同时仅注写钢筋编号）。

当底部附加非贯通纵筋横向布置在跨内有两种不同间距的底部贯通纵筋区域时，其间距应分别对应为两种，其注写形式应与贯通纵筋保持一致，即先注写跨内两端的第一种间距，并在前面加注纵筋根数；再注写跨中部的第二种间距（不需加注根数）；两者用"/"分隔。

（2）当某些柱中心线下的基础平板底部附加非贯通纵筋横向配置相同时（其底部、顶部的贯通纵筋可以不同），可仅在一条中心线下做原位注写，并在其他柱中心线上注明"该柱中心线下基础平板底部附加非贯通纵筋同××柱中心线"。

80. 筏形基础钢筋如何计算？

顶部贯通纵筋长度＝梁长－保护层×2
底部贯通纵筋长度＝梁长－保护层×2
双肢箍长度＝$(b-2c)×2+(h-2c)×2+(1.9d+10d)×2$

81. 以 JL01 基础主梁为例，如何计算其钢筋工程量？

JL01 平法施工图，如图 2-53 所示。混凝土强度等级为 C30，保护层厚度 $c=$ 25mm，$l_a=29d$，箍筋起步距离为 50mm，试计算该钢筋的工程量。

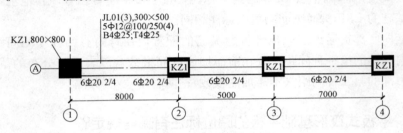

图 2-53　JL01 平法施工图

（1）顶部及底部贯通纵筋计算。
长度＝梁长－保护层×2＝8000＋5000＋7000＋800－25×2＝20 750（mm）
　　　　　接头个数＝Ceil(20 750/9000)－1＝2（个）
（2）支座 1、4 底部非贯通纵筋 2Φ25。
长度＝自柱边缘向跨内的延伸长度＋柱宽＋梁包柱侧腋－保护层＋15d
　　＝$l_n/3+h_c+50-c+15d$＝(8000－800)/3＋800＋50－25＋15×25
　　＝3600（mm）
（3）支座 2、3 底部非贯通纵筋 2Φ25。
长度＝2×自柱连缘向跨内的延伸长度＋柱宽
　　＝$2l_n/3+h_c$＝2×[(8000－800)/3]＋800
　　＝5600（mm）
（4）箍筋长度。
双肢箍筋长度＝$(b-2c)×2+(h-2c)×2+(1.9d+10d)×2$
外大箍筋长度＝(300－2×25)×2＋(500－2×25)×2＋2×11.9×12
　　　　　＝1686（mm）
内小箍筋长度＝[(300－2×25－25－24)/3＋25＋24]×2＋
　　　　　(500－2×25)×2＋2×11.9×12

＝1418（mm）

（5）第一、三净跨箍筋根数。

每边 5 根间距 100 的箍筋，两端共 10 根。

跨中箍筋根数＝Ceil[(8000 — 800 — 550×2)/200]— 1＝30（根）

总根数＝10＋30＝40（根）

（6）第二净跨箍筋根数。

每边 5 根间距 100 的箍筋，两端共 10 根。

跨中箍筋根数＝Ceil[(5000 — 800 — 550×2)/200]— 1＝15（根）

总根数＝10＋15＝25（根）

（7）支座 1、2、3、4 内箍筋（节点内按跨端第一种箍筋规格布置）根数。

根数＝(800 — 100)/100＋1＝8（根）

四个支座共计：4×8＝32（根）

（8）总箍筋根数＝40×2＋25＋32＝137（根）。

计算中的"550"是指梁端 5 根箍筋共 500mm 宽，再加 50mm 的起步距离。

 82. 以 JL02 基础主梁为例，如何计算其钢筋工程量？

JL02 平法施工图，如图 2-54 所示。保护层厚度 c＝25mm，l_a＝29d，箍筋起步距离为 50mm，试计算该钢筋底部多出的 2 根贯通纵筋工程量。

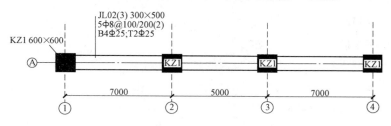

图 2-54　JL02 平法施工图

底部多出的贯通纵筋 2Φ25：

长度＝梁总长 — 2c＋2×15d＝7000×2＋5000 — 2×25＋2×15×25

＝19 700（mm）

焊接接头个数＝Ceil(19 700/9000) — 1＝2（个）

 83. 以 JL03 基础主梁为例，如何计算其钢筋工程量？

JL02 平法施工图，如图 2-55 所示。保护层厚度 c＝25mm，l_a＝29d，箍筋起步距离为 50mm，双肢箍长度计算公式：$(b-2c)×2＋(h-2c)×2＋(1.9d＋10d)×2$，试计算该钢筋工程量。

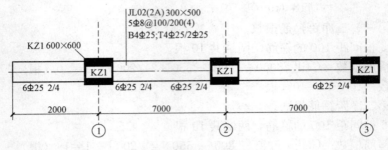

图 2-55 JL02 平法施工图

(1) 底部和顶部第一排贯通纵筋 4Φ25。

长度＝梁长－2×保护层＋12d＋15d＝7000×2＋300＋2000－50＋

12×25＋15×25＝16 325（mm）

接头个数＝Ceil(16 325/9000)－1＝1（个）

(2) 支座 1 底部非贯通纵筋 2Φ25。

自柱边缘向跨内的延伸长度＝净宽长/3＝(7000－600)/3＝2467（mm）

外伸段长度＝左跨净跨长－保护层＝2000－300－25＝1675（mm）

总长度＝自柱边缘向跨内的延伸长度＋外伸段长度＋柱宽

＝2467＋1675＋600

＝4742（mm）

(3) 支座 2 底部非贯通筋 2Φ25。

长度＝柱宽＋2×自柱边缘向跨内的延伸长度

＝600＋2×[(7000－600)/3]＝5534（mm）

(4) 支座 3 底部非贯通筋 2Φ25。

自柱边缘向跨内的延伸长度＝净宽长/3＝(7000－600)/3＝2467（mm）

总长＝自柱边缘向跨内的延伸长度＋(柱宽－c)＋15d

＝2467＋600－25＋15×25

＝3417（mm）

(5) 箍筋计算与 JL01 计算相同。

84. 以 JL04 基础主梁为例，如何计算其钢筋工程量？

JL04 平法施工图，如图 2-56 所示。保护层厚度 $c=25$mm，$l_a=29d$，箍筋起步距离为 50mm，双肢箍长度计算公式：$(b-2c)×2＋(h-2c)×2＋(1.9d＋10d)×2$，试计算该钢筋工程量。

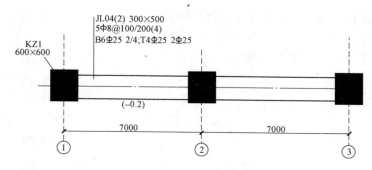

图 2-56　JL04 平法施工图

（1）1 号筋 4⏀25。

1 号筋计算简图如图 2-57 所示。计算过程如下：

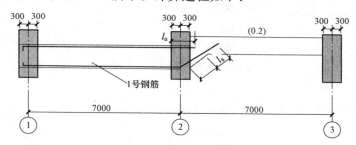

图 2-57　1 号筋计算简图

顶部 $=7000-300+l_a+300-c=7000-300+29\times25+300-25=7700$（mm）

底部 $=7000+2\times300-2c+\sqrt{200^2+200^2}+l_a$

　　　$=7000+2\times300-2\times25+\sqrt{200^2+200^2}+29\times25$

　　　$=8558$（mm）

（2）2 号筋 2⏀25。

2 号筋计算简图如图 2-58 所示。

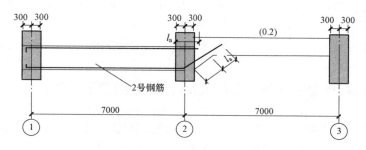

图 2-58　2 号筋计算简图

2号筋计算过程与1号筋计算过程相同。

（3）3号筋 4Φ25。

3号筋计算简图如图2-59所示。计算过程如下：

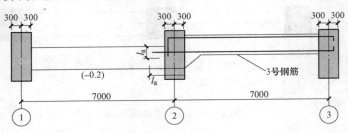

图2-59 3号筋计算简图

$$顶部=7000+600-2\times c+200+l_a+15d$$
$$=7000+600-50+200+29\times25+15\times25$$
$$=8850\ （mm）$$

$$底部=7000-c+l_a+15d=7000-25+29\times25+15\times25=7700\ （mm）$$

（4）4号筋 2Φ25。

4号筋计算简图如图2-60所示。计算过程如下：

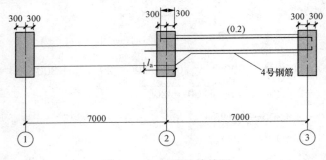

图2-60 4号筋计算简图

$$顶部=7000+600-2\times c+2\times15d=7000+600-2\times25+2\times15\times25$$
$$=8300\ （mm）$$

$$底部=7000-c+l_a+15d=7000-25+29\times25+15\times25=8075\ （mm）$$

 85. 以 JL05 基础主梁为例，如何计算其钢筋工程量？

JL05 平法施工图，如图 2-61 所示。保护层厚度 $c=25mm$，$l_a=29d$，箍筋起步距离为 50mm，双肢箍长度计算公式：$(b-2c)\times2+(h-2c)\times2+(1.9d+10d)\times2$，试计算第 2 跨宽出部位的底部及顶部纵向钢筋工程量。

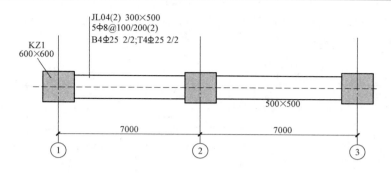

图 2-61　JL05 平法施工图

（1）1 号筋计算简图如图 2-62 所示。计算过程如下：

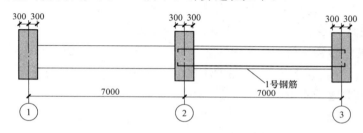

图 2-62　1 号筋计算简图

计算过程：

顶部＝$7000+600-2\times c+2\times 15d=7000+600-50+2\times 15\times 25=8300$（mm）

底部＝$7000+600-2\times c+2\times 15d=7000+600-50+2\times 15\times 25=8300$（mm）

（2）2 号筋计算过程如下。

计算过程：

顶部＝$7000+600-2\times c+2\times 15d=7000+600-50+2\times 15\times 25=8300$（mm）

底部＝$7000+600-2\times c+2\times 15d=7000+600-50+2\times 15\times 25=8300$（mm）

②2 号钢筋

$$上段＝7000-c+\max(h_c,\ l_a)=7000-30+30\times 25=7720（mm）$$

$$侧段＝500-60=440（mm）$$

$$下段＝7000-c+\max(h_c,\ l_a)=7000-30+30\times 25=7720（mm）$$

$$总长＝7720+440+7720=15\ 880（mm）$$

$$接头个数＝1（个）$$

 86. 以 JCL01 基础次梁为例，如何计算其钢筋工程量？

JCL01 平法施工图，如图 2-63 所示。保护层厚度 $c=25$mm，$l_a=29d$，箍筋起

步距离为 50mm，双肢箍长度计算公式：$(b-2c)\times2+(h-2c)\times2+(1.9d+10d)\times2$，试计算该钢筋工程量。

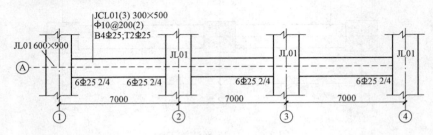

图 2-63　JCL06 平法施工图

（1）顶部贯通纵筋 2Φ25。

$$锚固长度=\max(0.5h_c,12d)=\max(300,12\times25)=300（mm）$$

$$长度=净长+两端锚固=7000\times3-600+2\times300=21\,000（mm）$$

$$接头个数=Ceil(21\,000/9000)-1=2（个）$$

（2）底部贯通纵筋 4Φ25。

$$长度=净长+两端锚固=7000\times3-600+29\times25+0.35\times29\times25=21\,379（mm）$$

$$接头个数=Ceil(21\,379/9000)-1=2（个）$$

（3）支座 1、4 底部非贯通纵筋 2Φ25。

$$支座外延伸长度=(7000-600)/3=2134（mm）$$

$$长度=b_b-c+支座外延伸长度=600-25+2134=2709（mm）（b_b 为支座宽度）$$

（4）支座 2、3 底部非贯通筋 2Φ25。

$$计算公式=2\times延伸长度+b_b=2\times[(7000-600)/3]+600=4867（mm）$$

（5）箍筋长度。

$$长度=2\times[(300-60)+(500-60)]+2\times11.9\times10=1598（mm）$$

（6）箍筋根数。

$$三跨总根数=3\times\{Ceil[(6400-100)/200]+1\}=99（根）$$

87. 以 JCL02 基础次梁为例，如何计算其钢筋工程量？

JCL02 平法施工图，如图 2-64 所示。试计算该钢筋的第一跨顶部贯通筋和第二跨顶部贯通筋工程量。

（1）第一跨顶部贯通筋 2Φ25。

$$锚固长度=\max(0.5h_c,12d)=\max(300,12\times25)=300（mm）$$

$$长度净长+两端锚固=6400+2\times300=7000（mm）$$

（2）第二跨顶部贯通筋 2Φ20。

$$锚固长度 = \max(0.5h_c, 12d) = \max(300, 12 \times 25) = 300 \text{（mm）}$$
$$长度 = 净长 + 两端锚固 = 6400 + 2 \times 300 = 7000 \text{（mm）}$$

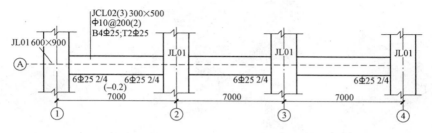

图 2-64　JCL02 平法施工图

 88. 以某工程筏板基础为例，如何计算其钢筋工程量？

某工程筏板基础混凝土等级为 C40，三级抗震，$h = 800\text{mm}$，保护层厚度为 40mm，其余数据见如图 2-65 所示，试计算此筏板基础钢筋工程量。

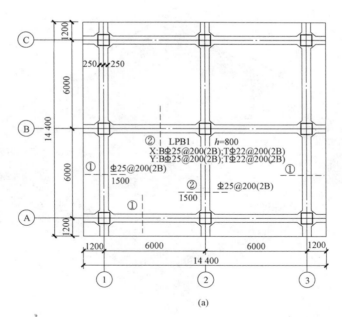

(a)

图 2-65　工程筏板基础

（a）筏板平面图

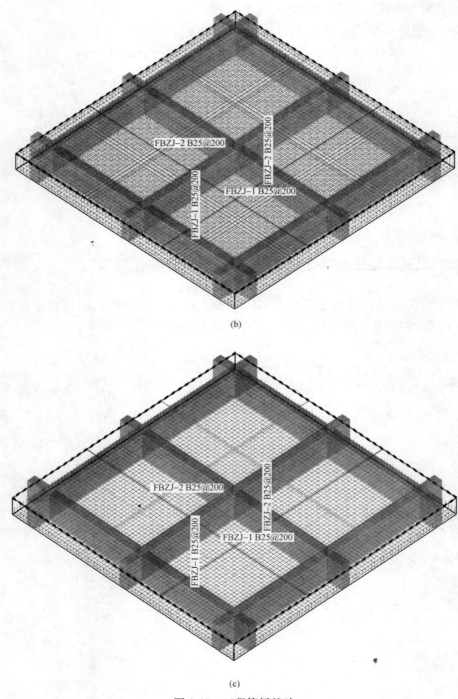

(b)

(c)

图 2-65　工程筏板基础

(b) 主筋三维图；(c) 底部通长筋三维图

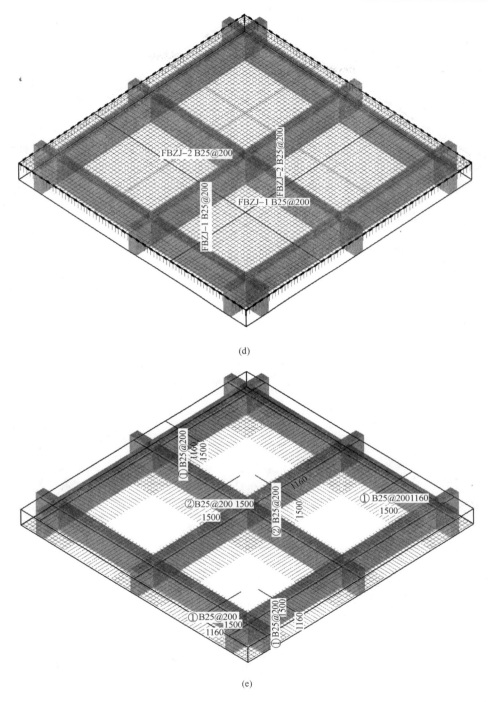

(d)

(e)

图 2-65　工程筏板基础

(d) 上部通长筋三维图；(e) 负筋效果图

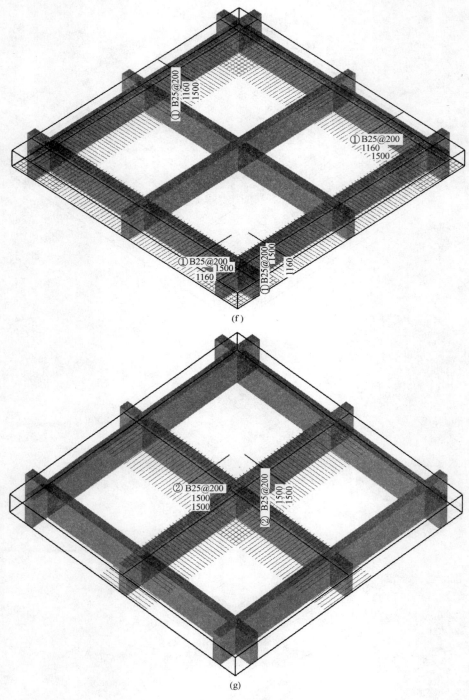

图 2-65　工程筏板基础

(f)　①号负筋三维图；(g)　②号负筋三维图

（1）底部通长钢筋（X 方向）。

单根底部钢筋(X 方向)长度＝基础 X 向长度－2×保护层厚＋2×弯折

$$＝14\ 400－40×2＋12d×2＝14\ 920\ （mm）$$

X 向底部通长筋根数＝Ceil｛[基础 Y 向长度－2×保护层厚－（基础梁宽度＋

75×2)×Y 向基础梁个数]/间距｝＝Ceil｛[14 400－

2×40－（500＋75×2）×3]/200｝＋3＝65（根）

底部通长钢筋(X 方向)总长度＝单根底部钢筋(X 方向)长度×

X 向底部通长筋根数＝14 920×65＝969 800（mm）

（2）底部通长钢筋（Y 方向）。

单根底部钢筋长度＝基础 Y 向长度－2×保护层厚＋2×弯折

$$＝14\ 400－40×2＋12d×2＝14\ 920\ （mm）$$

Y 向底部通长筋根数＝Ceil｛[基础 X 向长度－2×保护层厚－

（基础梁宽度＋75×2）×X 向基础梁个数]/间距｝

＝Ceil｛[14 400－2×40－（500＋75×2）×3]/200｝＋3

＝65（根）

底部通长钢筋（Y 方向）总长度＝单根底部钢筋(Y 方向)长度×

X 向底部通长筋根数＝14 920×65

＝969 800（mm）

（3）底部通长筋总质量。

底部通长筋总长度＝底部通长钢筋(X 方向)总长度＋

底部通长钢筋(Y 方向)总长度

＝1 939 600（mm）

底部通长筋总质量＝底部通长筋总长度×Φ25 理论质量＝1939.6×3.85

＝7467.46（kg）

上部通长筋计算过程参考下部通长筋计算过程这里不做赘述。

轴线上单根①号钢筋长度＝1160＋1500＝2660（mm）

根数计算方法同底部通长钢筋（X 方向）相同，为65根；

①号筋总根数＝65×4＝260（根）

①号筋总长度＝单根①号钢筋长度×①号筋总根数＝2660×260＝691 600（mm）

①号筋总质量＝①号筋总长度×Φ25 理论质量＝691.6×3.85＝2662.66（kg）

②号负筋计算过程参考①号负筋计算过程这里不做赘述。

第三章

主体构件钢筋算量

 89. 柱列表注写有哪些规定?

列表注写方式,是在柱平面布置图上(一般只需采用适当比例绘制一张柱平面布置图,包括框架柱、框支柱、梁上柱和剪力墙上柱),分别在同一编号的柱中选择一个(有时需要选择几个)截面标注几何参数代号;在柱表中注写柱编号、柱段起止标高、几何尺寸(含柱截面对轴线的偏心情况)与配筋的具体数值,并配以各种柱截面形状及其箍筋类型图的方式,来表达柱平法施工图。柱平法施工图列表注写方式示例,如图 3-1 所示。

(1) 注写柱编号,柱编号由类型代号和序号组成,应符合表 3-1 的规定。

表 3-1 柱 编 号

柱 类 型	代 号	序 号
框架柱	KZ	××
框支柱	KZZ	××
芯柱	XZ	××
梁上柱	LZ	××
剪力墙上柱	QZ	××

注:编号时,当柱的总高、分段截面尺寸和配筋均对应相同,仅截面与轴线的关系不同时,仍可将其编为同一柱号,但应在图中注明截面与轴线的关系。

(2) 注写各段柱的起止标高,自柱根部往上以变截面位置或截面未变但配筋改变处为界分段注写。

框架柱和框支柱的根部标高是指基础顶面标高;芯柱的根部标高是指根据结构实际需要而定的起始位置标高;梁上柱的根部标高是指梁顶面标高;剪力墙上柱的根部标高为墙顶面标高。

(3) 对于矩形柱,注写柱截面尺寸 $b \times h$ 及与轴线关系的几何参数代号 b_1、b_2 和 h_1、h_2 的具体数值,需对应于各段柱分别注写。其中,$b = b_1 + b_2$,$i = h_1 + h_2$。

当截面的某一边收缩变化至与轴线重合或偏到轴线的另一侧时,b_1、b_2、h_1、h_2 中的某项为零或为负值。

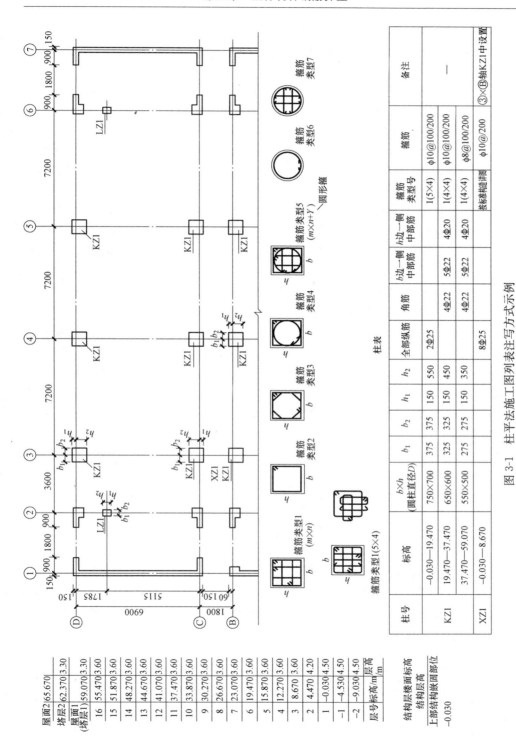

图 3-1　柱平法施工图列表注写方式示例

对于圆柱，表中 $b \times h$ 一栏改为在圆柱直径数字前加 d 表示。

为表达简单，圆柱截面与轴线的关系也用 b_1、b_2 和 h_1、h_2 表示，并使 $d = b_1 + b_2 = h_1 + h_2$。

对于芯柱，根据结构需要，可以在某些框架柱的一定高度范围内，在其内部的中心位置设置（分别引注其柱编号）。

芯柱截面尺寸按构造确定，并按《混凝土结构施工图平面整体表示方法制图规则和构造详图（现浇混凝土框架、剪力墙、梁、板）》（11G101-1）标准构造详图施工，设计不需注写；当设计者采用与构造详图不同的做法时，应另行注明。芯柱定位随框架柱，不需要注写其与轴线的几何关系。

（4）注写柱纵筋。当柱纵筋直径相同，各边根数也相同时（包括矩形柱、圆柱和芯柱），将纵筋注写在"全部纵筋"一栏中；除此之外，柱纵筋分角筋、截面 b 边中部筋和 h 边中部筋三项分别注写（对于采用对称配筋的矩形截面柱，可仅注写一侧中部筋，对称边省略不注）。

（5）注写箍筋类型及箍筋肢数，在箍筋类型栏内注写。

（6）注写柱箍筋，包括钢筋级别、直径与间距。

当为抗震设计时，用"/"区分柱端箍筋加密区与柱身非加密区长度范围内箍筋的不同间距。

施工人员需根据标准构造详图的规定，在规定的几种长度值中取其最大者作为加密区长度。

当框架节点核心区内箍筋与柱端箍筋设置不同时，应在括号中注明核心区箍筋直径及间距。

当箍筋沿柱全高为一种间距时，则不使用"/"。当圆柱采用螺旋箍筋时，需在箍筋前加"L"。

（7）具体工程所设计的各种箍筋类型图以及箍筋复合的具体方式，需画在表的上部或图中的适当位置，并在其上标注与表中相对应的 b、h 和类型号。

注：当为抗震设计时，确定箍筋肢数要满足对柱纵筋"隔一拉一"以及箍筋肢距的要求。

90. 柱截面注写有哪些方式？

（1）截面注写方式，是在柱平面布置图的柱截面上，分别在同一编号的柱中选择一个截面，以直接注写截面尺寸和配筋具体数值的方式来表达柱平法施工图。柱平法施工图截面注写方式示例，如图 3-2 所示。

（2）对除芯柱之外的所有柱截面进行编号，从相同编号的柱中选择一个截面，按另一种比例原位放大绘制柱截面配筋图，并在各配筋图上继其编号后再注写截面尺寸 $b \times h$、角筋或全部纵筋（当纵筋采用一种直径且能够图示清楚时）、箍筋

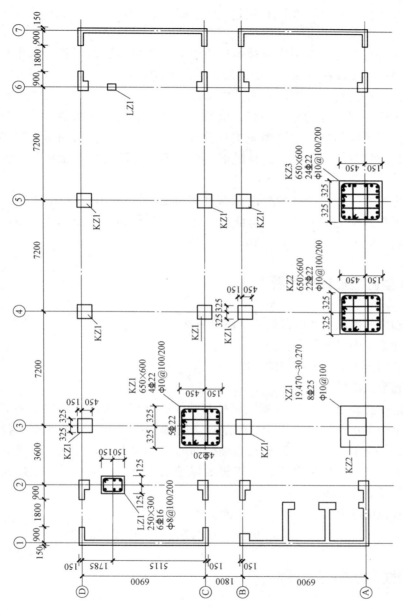

图 3-2　柱平法施工图截面注写方式示例

层号	标高/m	层高/m
屋面2	65.670	
塔层2	62.370	3.30
屋面1（塔层1）	59.070	3.30
16	55.470	3.60
15	51.870	3.60
14	48.270	3.60
13	44.670	3.60
12	41.070	3.60
11	37.470	3.60
10	33.870	3.60
9	30.270	3.60
8	26.670	3.60
7	23.070	3.60
6	19.470	3.60
5	15.870	3.60
4	12.270	3.60
3	8.670	3.60
2	4.470	4.20
1	-0.030	4.50
-1	-4.530	4.50
-2	-9.030	4.50
层号	标高/m	层高/m

结构层楼面标高
结构层高
上部结构嵌固部位
-0.030

的具体数值，以及在柱截面配筋图上标注柱截面与轴线关系 b_1、b_2、h_1、h_2 的具体数值。

当纵筋采用两种直径时，需再注写截面各边中部筋的具体数值（对于采用对称配筋的矩形截面柱，可仅在一侧注写中部筋，对称边省略不注）。

在某些框架柱的一定高度范围内，在其内部的中心位设置芯柱时，首先进行编号，继其编号之后注写芯柱的起止标高、全部纵筋及箍筋的具体数值，芯柱截面尺寸按构造确定，并按标准构造详图施工，设计不注；当设计者采用与构造详图不同的做法时，应另行注明。芯柱定位随框架柱，不需要注写其与轴线的几何关系。

（3）在截面注写方式中，如柱的分段截面尺寸和配筋均相同，仅截面与轴线的关系不同时，可将其编为同一柱号。但此时应在未画配筋的柱截面上注写该柱截面与轴线关系的具体尺寸。

91. 框架柱基础插筋如何计算？

框架柱的基础插筋由以下两部分组成（以筏形基础为例）。

（1）伸出基础梁顶面以上部分。

框架柱伸出基础梁顶面以上部分的长度＝$H_n/3$

（2）锚入基础梁以内的部分。

框架柱的基础插筋要求"坐底"，即框架柱基础插筋的直钩要踩在基础主梁下部纵筋的上面。由于筏形基础有上下两层钢筋网，基础主梁的下部纵筋要压住筏板下层钢筋网的底部纵筋。所以，框架柱基础插筋的直钩的下面有：基础主梁的下部纵筋、筏板下层钢筋网的底部纵筋、筏板的保护层。由此，得到框架柱插入到基础梁以内部分长度的计算公式：

框架柱插入到基础梁以内部分长度＝基础梁截面高度－基础梁下部纵筋直径－
筏板底部纵筋直径－筏板保护层

92. 顶层中柱纵筋如何计算？

中柱顶部四面均有梁，其纵向钢筋直接锚入顶层梁内或板内，锚入方式存在下面两种情况：

（1）当直锚长度＜l_{aE} 时：

顶层中柱纵筋长度＝顶层层高－顶层非连接区长度－梁高＋（梁高－保护层）＋$12d$

（2）当直锚长度≥l_{aE} 时：

顶层中柱纵筋长度＝顶层层高－顶层非连接区长度－梁高＋（梁高－保护层）

93. 顶层边柱纵筋如何计算？

（1）当顶层梁宽小于柱宽，又没有现浇板时，边柱外侧纵筋只有65％锚入梁内，如图3-3所示。

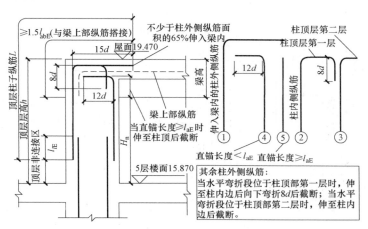

图3-3　顶层纵筋计算图（65％锚入梁内）

边柱外侧纵筋根数的65％为1号钢筋，外侧纵筋根数35％为2号或3号钢筋（当外侧钢筋太密，需要出现第二层时，用3号钢筋），其余为4号钢筋或5号钢筋（当直锚长度不小于l_{aE}时，为5号钢筋）。

1）1号纵筋长度计算。

①从梁底算起$1.5l_{abE}$超过柱内侧边缘。

$$纵筋长度＝顶层层高－顶层连接区－梁高＋1.5l_{abE}$$

②从梁底算起$1.5l_{abE}$未超过柱内侧边缘。

$$纵筋长度＝顶层层高－顶层非连接区－梁高＋\max(1.5l_{abE}，梁高－保护层＋15d)$$

2）2号纵筋长度计算。

$$纵筋长度＝顶层层高－顶层非连接区－梁高＋（梁高－保护层）＋$$
$$（与弯折平行的柱宽－2×保护层）＋8d$$

3）3号纵筋长度计算。

$$纵筋长度＝顶层层高－顶层非连接区－梁高＋（梁高－保护层）＋$$
$$（与弯折平行的柱宽－2×保护层）$$

4）4号纵筋长度计算。

$$纵筋长度＝顶层层高－顶层非连接区－梁高＋（梁高－保护层）＋12d$$

5）5号纵筋长度计算。

纵筋长度＝顶层层高－顶层非连接区－梁高＋锚固长度 l_{aE}

（2）当柱外侧纵向钢筋配率大于 1.2％时，边柱外侧纵筋分两批锚入梁内，50％根数锚入长度为 $1.5l_{aE}$，50％根数锚入长度为 $1.5l_{aE}+20d$，如图 3-4 所示。

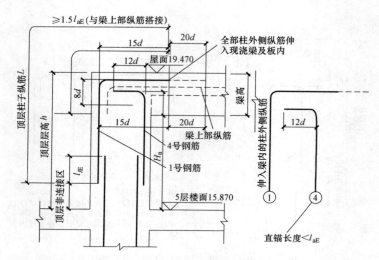

图 3-4　顶层主筋计算图（柱外侧纵向钢筋配率大于 1.2％）

1 号纵筋长度（外侧根数一半）＝顶层层高－顶层非连接区－梁高＋ $1.5l_{abE}$

1 号纵筋长度（外侧根数一半）＝顶层层高－顶层非连接区－梁高＋ $1.5l_{abE}+20d$

4 号纵筋长度＝顶层层高－顶层非连接区－梁高＋（梁高－保护层）＋ $12d$

 94. 顶层角柱纵筋如何计算？

角柱两面有梁，顶层角柱纵筋的计算方法和边柱一样，只是侧面是两个面，外侧纵筋总根数为两个外侧总根数之和。

 95. 抗震框架柱箍筋根数计算有哪些规定？

抗震框架柱箍筋根数要分层对钢筋进行计算。首先，判断这个框架柱是不是"短柱"。如果是短柱，则箍筋全高加密。《混凝土结构施工图平面整体表示方法制图规则和构造详图（现浇混凝土框架、剪力墙、梁、板）》（11G101-1）第 62 页抗震框架柱和小墙肢箍筋加密区高度选用表（见表 3-2）下的注释表明，"柱净高（包括因嵌砌填充墙等形成的柱净高）与柱截面长边尺寸（圆柱为截面直径）的比值 $H_n/h_c \leqslant 4$ 时，箍筋沿柱全高加密"，从而得出短柱的条件：$H_n/h_c \leqslant 4$。

表 3-2　　　　　　　　　抗震框架柱和小墙肢箍筋加密区高度选用表　　　　　　　（mm）

柱净高 H_n	柱截面长边尺寸 h_c 或圆柱直径 D																		
	400	450	500	550	600	650	700	750	800	850	900	950	1000	1050	1100	1150	1200	1250	1300
1500																			
1800	500																		
2100	500	500	500																
2400	500	500	500	500					箍筋全高加密										
2700	500	500	500	550	600	650													
3000	500	500	500	550	600	650	700												
3300	550	550	550	550	600	650	700	750	800										
3600	600	600	600	600	600	650	700	750	800	850									
3900	650	650	650	650	650	650	700	750	800	850	900	950							
4200	700	700	700	700	700	700	700	750	800	850	900	950	1000						
4500	750	750	750	750	750	750	750	750	800	850	900	950	1000	1050	1100				
4800	800	800	800	800	800	800	800	800	800	850	900	950	1000	1050	1100	1150			
5100	850	850	850	850	850	850	850	850	850	850	900	950	1000	1050	1100	1150	1200	1250	
5400	900	900	900	900	900	900	900	900	900	900	900	950	1000	1050	1100	1150	1200	1250	1300
5700	950	950	950	950	950	950	950	950	950	950	950	950	1000	1050	1100	1150	1200	1250	1300
6000	1000	1000	1000	1000	1000	1000	1000	1000	1000	1000	1000	1000	1000	1050	1100	1150	1200	1250	1300
6300	1050	1050	1050	1050	1050	1050	1050	1050	1050	1050	1050	1050	1050	1050	1100	1150	1200	1250	1300
6600	1100	1100	1100	1100	1100	1100	1100	1100	1100	1100	1100	1100	1100	1100	1100	1150	1200	1250	1300
6900	1150	1150	1150	1150	1150	1150	1150	1150	1150	1150	1150	1150	1150	1150	1150	1150	1200	1250	1300
7200	1200	1200	1200	1200	1200	1200	1200	1200	1200	1200	1200	1200	1200	1200	1200	1200	1200	1250	1300

注：1. 表内数值未包括框架嵌固部位柱根箍筋加密区范围。

　　2. 柱净高（包括因嵌砌填充墙等形成的柱净高）与柱截面长边尺寸（圆柱为截面直径）的比值 $H_n/h_c \leqslant 4$ 时，箍筋沿柱全高加密。

　　3. 小墙肢即墙肢长度不大于墙厚 4 倍的剪力墙。矩形小墙肢的厚度不大于 300mm 时，箍筋全高加密。

96. 抗震框架柱上部加密区如何计算？

$$上部加密区的长度 = \max(H_n/6, h_c, 500) + h_b$$

上部加密区的箍筋根数 $= [\max(H_n/6, h_c, 500) + h_b]/$间距（根数有小数则进 1）

根据计算出来的箍筋根数重新计算"上部加密区的实际长度"。

上部加密区的实际长度 = 上部加密区的箍筋根数 × 间距

式中　H_n——柱净高；

　　　h_c——框架柱截面长边尺寸；

　　　h_b——框架梁高度。

97. 抗震框架柱下部加密区如何计算？

$$下部加密区的长度 = \max(H_n/6, h_c, 500)$$

下部加密区的箍筋根数 $= \max(H_n/6, h_c, 500)/$间距（根数有小数则进 1）

根据计算出来的箍筋根数重新计算"下部加密区的实际长度"。

下部加密区的实际长度＝下部加密区的箍筋根数×间距

98. 抗震框架柱中间非加密区如何计算?

按照上下加密区的实际长度来计算非加密区的长度。
非加密区的长度＝楼层层高－上部加密区的实际长度－下部加密区的实际长度
非加密区的根数＝(楼层层高－上部加密区的实际长度－
下部加密区的实际长度)/间距

99. 抗震框架柱本层箍筋根数如何计算?

本层箍筋根数＝上部加密区箍筋根数＋下部加密区箍筋根数＋
中间非加密区箍筋根数

100. 地下室柱纵筋如何计算?

"地下室的柱纵筋"的计算长度:下端与伸出基础(梁)顶面的柱插筋相接,上端伸出地下室顶板以上一个"三选一"的长度,即 $\max(H_n/6, h_c, 500)$。

这样,"地下室的柱纵筋"的长度包括以下两个组成部分:

(1) 地下室板顶以上部分的长度。
$$长度＝\max(H_n/6, h_c, 500)$$

注:这里的 H_n 是地下室以上的那个楼层(例如"一层")的柱净高;h_c 也是地下室以上的那个楼层(例如"一层")的柱截面长边尺寸。

(2) 地下室顶板以下部分的长度。
$$长度＝柱净高 H_n＋地下室顶板的框架梁截面高度－H_n/3$$

注:上式的 H_n 是地下室的柱净高,$H_n/3$ 就是框架柱基础插筋伸出基础梁顶面以上的长度。

地下室的柱纵筋可以采用统一的长度。这个"统一的长度"与基础插筋伸出基础梁顶面的"长短筋"相接,伸到地下室顶板之上时,柱纵筋继续形成"长短筋"的两种长度。

101. 以某一框架柱为例,如何计算其基础插筋?

某一建筑物具有层高为 4.2m 的地下室,地下室下面是"正筏板"基础。地下室顶板的框架梁采用 KL1(300mm×700mm),基础主梁的截面尺寸为 700mm×900mm,下部纵筋为 9Φ25,筏板的厚度为 400mm,筏板的纵向钢筋都是Φ18@200,如图 3-5 所示。KZ1 的截面尺寸为 700mm×650mm,柱纵筋为 22Φ25,混凝土强度等级 C30，二级抗震等级。试计算 KZ1 的基础插筋。

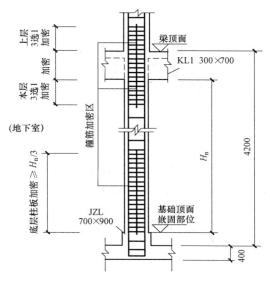

图 3-5　基础插筋示意图

（1）框架柱基础插筋伸出基础梁顶面以上的长度。

由已知条件可知：地下室层高＝4200mm，地下室顶框架梁高＝700mm，基础主梁高＝900mm，筏板厚度＝500mm。

地下室柱净高 H_n＝地下室层高－地下室顶框架梁高－基础主梁与筏板高差

$$＝4200－700－（900－400）＝3000（mm）$$

框架柱基础插筋（短筋）伸出长度＝$H_n/3$＝3000/3＝1000（mm）

框架柱基础插筋（长筋）伸出长度＝$H_n/3+35d$＝1000＋35×25＝1875（mm）

（2）框架柱基础插筋的直锚长度。

由已知条件可知：基础主梁高＝900mm，基础主梁下部纵筋直径＝25mm，筏板下层纵筋直径＝18mm，基础保护层＝40mm。

框架柱基础插筋直锚长度＝基础主梁高度－基础主梁下部纵筋直径－

筏板下层纵筋直径－基础保护层

$$＝900－25－18－40＝817（mm）$$

（3）框架柱基础插筋的总长度。

框架柱基础插筋的垂直段长度（短筋）＝框架柱基础插筋（短筋）伸出长度＋

框架柱基础插筋直锚长度

$$＝1000＋817＝1817（mm）$$

框架柱基础插筋的垂直段长度（长筋）＝框架柱基础插筋（长筋）伸出长度＋

框架柱基础插筋直锚长度

$$=1875+817=2692 \text{（mm）}$$

因为，$l_{abE}=40d=40\times25=1000$（mm），而现在的直锚长度为 817mm＜$l_{abE}$（$l_{abE}$ 的计算见表 1-5），所以，

框架柱基础插筋的弯钩长度$=15d=15\times25=375$（mm）

框架柱基础插筋（短筋）的总长度$=1817+375=2192$（mm）

框架柱基础插筋（长筋）的总长度$=2692+375=3067$（mm）

102. 以某一顶层框架柱为例，如何计算其纵筋尺寸？

顶层的层高为 3.2m，抗震框架柱 KZ1 的截面尺寸为 550mm×500mm，柱纵筋为 2220，顶层顶板的框架梁截面尺寸为 300mm×700mm，混凝土强度等级为 C30，二级抗震等级，试计算顶层框架柱纵筋尺寸。

（1）顶层框架柱纵筋伸到框架梁顶部弯折 $12d$。

顶层的柱纵筋净长度 $H_n=3200-700=2500$（mm）

根据地下室的计算，$H_2=750$mm。

1）与短筋相接的柱纵筋。

垂直段长度 $H_a=3200-30-750=2420$（mm）

每根钢筋长度$=H_a+12d=2420+12\times20=2660$（mm）

2）与长筋相接的柱纵筋。

垂直段长度 $H_b=3200-30-750-35\times25=1545$（mm）

每根钢筋长度$=H_b+12d=1545+12\times20=1785$（mm）

（2）框架柱外侧纵筋从顶层框架梁的底面算起，锚入顶层框架梁 $1.5l_{abE}$。

首先，计算框架柱外侧纵筋伸入框架梁之后弯钩的水平段长度 l：

柱纵筋伸入框架梁的垂直段长度$=700-30=670$（mm）

所以，

$$l=1.5l_{abE}-670=1.5\times40\times20-670=530 \text{（mm）}$$

1）与短筋相接的柱纵筋。

垂直段长度 $H_a=3200-30-750=2420$（mm）

加上弯钩水平段 l 的每根钢筋长度$=H_a+l=2420+530=2950$（mm）

2）与长筋相接的柱纵筋。

垂直段长度 $H_b=3200-30-750-35\times25=1545$（mm）

加上弯钩水平段 l 的每根钢筋长度$=H_b+l=1545+530=2075$（mm）

103. 以某一楼层为例，如何计算其框架柱箍筋根数？

某一楼层的层高为 4.50m，抗震框架柱 KZ1 的截面尺寸为 650mm×600mm，

箍筋标注为Φ10@100/200，该层顶板的框架梁截面尺寸为300mm×700mm。求该楼层的框架柱箍筋根数。

（1）短柱的判断。

本层楼的柱净高为 $H_n=4500-700=3800$（mm）。

框架柱截面长边尺寸 $h_c=650$mm。

$H_n/h_c=3800/650=5.8>4$，由此可以判断该框架柱不是"短柱"。

所以

加密区长度＝max$(H_n/6,h_c,500)$＝max$(3800/6,650,500)$＝650(mm)

（2）上部加密区箍筋根数的计算。

加密区长度＝max$(H_n/6,h_c,500)+h_b$＝650+700＝1350(mm)

上部加密区的箍筋根数＝Ceil$\{[max(H_n/6,h_c,500)+h_b]/$间距$\}$＝Ceil(1350/100)
＝14（根）

上部加密区的实际长度＝上部加密区的箍筋根数×间距＝14×100＝1400(mm)

（3）下部加密区箍筋根数的计算。

加密区长度＝max$(H_n/6,h_c,500)$＝650(mm)

下部加密区的箍筋根数＝Ceil$[max(H_n/6,h_c,500)/$间距$]$＝Ceil(650/100)＝7（根）

下部加密区的实际长度＝下部加密区的箍筋根数×间距＝7×100＝700(mm)

（4）中间非加密区箍筋根数的计算。

非加密区的长度＝楼层层高－上部加密区的实际长度－下部加密区的实际长度
＝4500－1400－700＝2400(mm)

非加密区的根数＝（楼层层高－上部加密区的实际长度－
下部加密区的实际长度)/间距
＝2400/200＝12（根）

（5）本层箍筋根数的计算。

本层箍筋根数＝上部加密区箍筋根数＋下部加密区箍筋根数＋
中间非加密区箍筋根数
＝14＋7＋12＝33（根）

104. 以某一地下室为例，如何计算其柱纵筋长度？

某一地下室层高为 4.5m，地下室的抗震框架柱 KZ1 的截面尺寸为 750mm×700mm，柱纵筋为22Φ25。地下室顶板的框架梁截面尺寸为300mm×700mm。地下室上一层的层高为 4.5m，地下室上一层的框架梁截面尺寸为 300mm×700mm，混凝土强度等级为 C30，二级抗震等级。地下室下面是正筏板基础，基础主梁的截面尺寸为 700mm×900mm，下部纵筋为 9Φ25。筏板的厚度为 560mm，筏板的纵向钢筋都是Φ18@200，如图 3-6 所示。试计算地下室的柱纵筋长度。

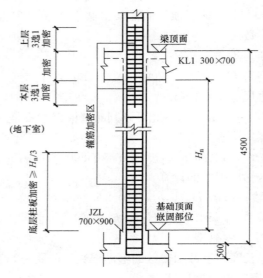

图 3-6　地下室层高示意图

（1）地下室顶板以上部分的长度。

上一层楼的柱净高 $H_n=4500-500-700=3300$ （mm）

$$\max(H_n/6，h_c，500)=\max(3300/6，750，500)=750 \text{ （mm）}$$

所以

$$H_1=\max(H_n/6，h_c，500)=750 \text{ （mm）}$$

（2）地下室顶板以下部分的长度。

地下室的柱净高 $H_n=4500-700-(900-500)=3400$ （mm）

$$H_2=H_n+700-H_n/3=3400+700+1133=2967 \text{ （mm）}$$

（3）地下室柱纵筋的长度。

地下室柱纵筋的长度$=H_1+H_2=750+2967=3717$ （mm）

 105. 剪力墙列表注写有哪些方式？

为表达清楚、简便，剪力墙可视为由剪力墙柱、剪力墙身和剪力墙梁三类构件构成。

列表注写方式，是分别在剪力墙柱表、剪力墙身表和剪力墙梁表中，对应于剪力墙平面布置图上的编号，用绘制截面配筋图并注写几何尺寸与配筋具体数值的方式，来表达剪力墙平法施工图。剪力墙平法施工图列表注写方式示例，如图3-7所示。

剪力墙梁表

编号	所在楼层号	梁面相对楼高高差	梁截面 b×h	上部纵筋	下部纵筋	箍筋
LL1	2~9	0.800	300×2000	4Φ22	4Φ22	Φ10@100(2)
	10~16	0.800	250×2000	4Φ20	4Φ20	Φ10@100(2)
	屋面1		250×1200	4Φ20	4Φ20	Φ10@100(2)
LL2	3	−1.200	300×2520	4Φ22	4Φ22	Φ10@150(2)
	4	−0.900	300×2070	4Φ22	4Φ22	Φ10@150(2)
	5~9	−0.900	250×2070	3Φ22	3Φ22	Φ10@150(2)
	10~屋面1	−0.900	250×1770	3Φ22	3Φ22	Φ10@150(2)
LL3	3		300×2070	4Φ22	4Φ22	Φ10@100(2)
	4~9		300×1770	4Φ22	4Φ22	Φ10@100(2)
	10~屋面1		250×1170	3Φ22	3Φ22	Φ10@100(2)
LL4	2		250×2070	3Φ20	3Φ20	Φ10@120(2)
	3		250×1770	3Φ20	3Φ20	Φ10@120(2)
	4~屋面1		250×1170	3Φ20	3Φ20	Φ10@120(2)
AL1	2~9		300×600	3Φ20	3Φ20	Φ10@150(2)
	10~16		250×500	3Φ18	3Φ18	Φ10@150(2)
BKL1	屋面		500×750	4Φ22	4Φ22	Φ10@150(2)

剪力墙身表

编号	标高	墙厚	水平分布筋	垂直分布筋	拉筋（双向）
Q1	−0.030~30.270	300	Φ12@200	Φ12@200	Φ6@600@600
	30.270~59.070	250	Φ10@200	Φ10@200	Φ6@600@600
Q2	−0.030~30.270	250	Φ10@200	Φ10@200	Φ6@600@600
	30.270~59.070	200	Φ10@200	Φ10@200	Φ6@600@600

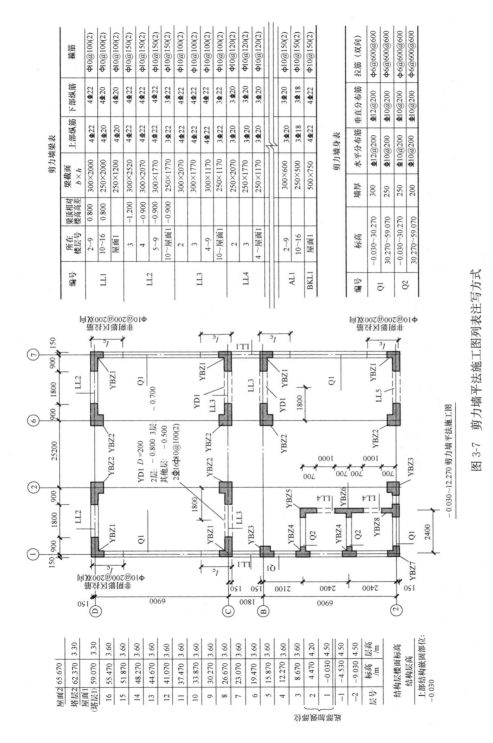

图 3-7　剪力墙平法施工图列表注写方式

剪力墙柱表

截面			
编号	YBZ1	YBZ2	YBZ3	YBZ4
标高	-0.030~12.270	-0.030~12.270	-0.030~12.270	-0.030~12.270
纵筋	24Φ20	22Φ20	18Φ22	20Φ20
箍筋	Φ10@100	Φ10@100	Φ10@100	Φ10@100

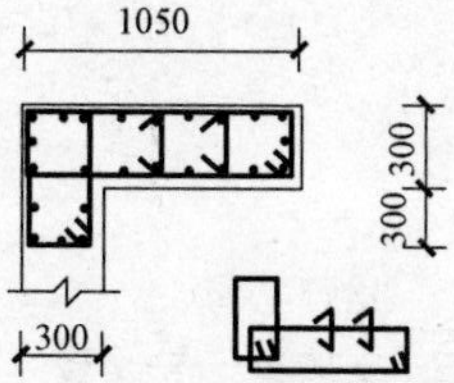

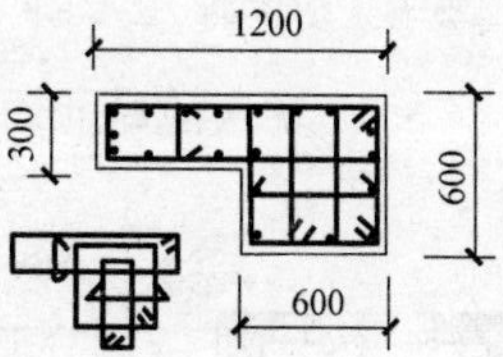

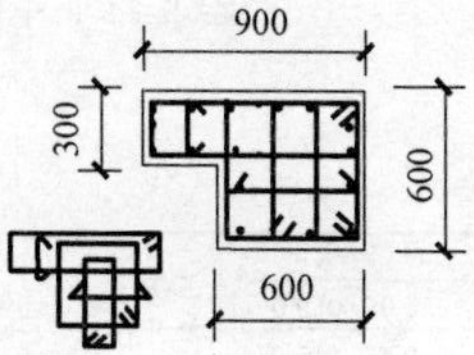

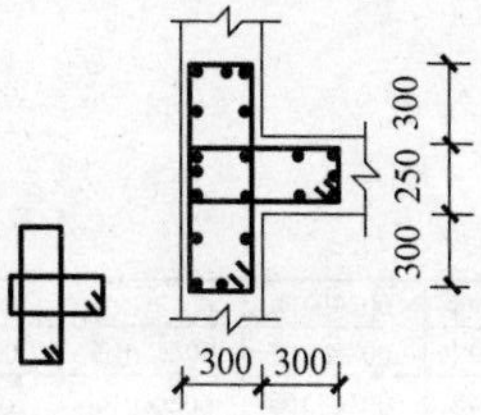

截面	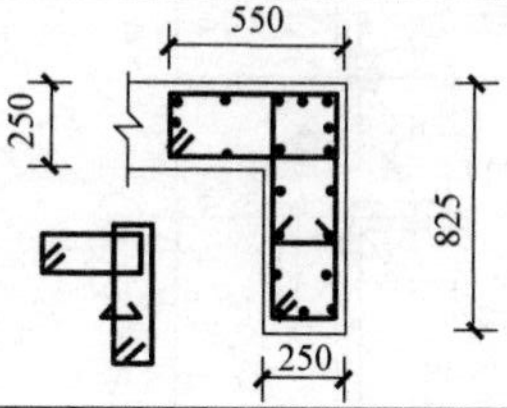	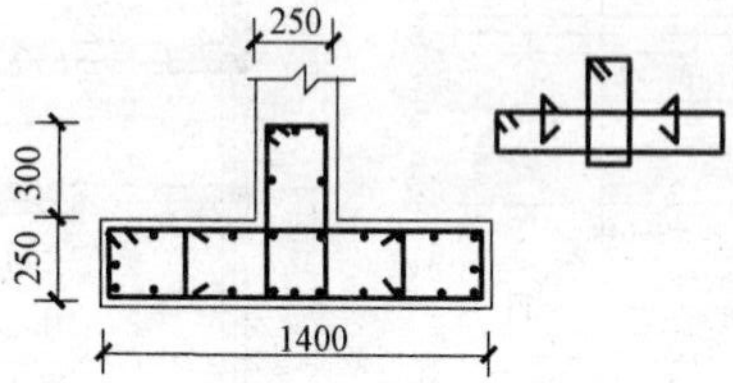	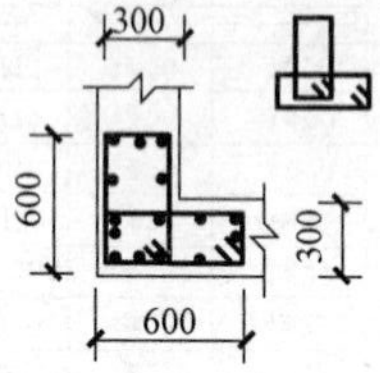
编号	YBZ5	YBZ6	YBZ7
标高	-0.030~12.270	-0.030~12.270	-0.030~12.270
纵筋	20Φ20	23Φ20	16Φ20
箍筋	Φ10@100	Φ10@100	Φ10@100

-0.030~12.270剪力墙平法施工图（部分剪力墙柱表）

图3-7 剪力墙平法施工图列表注写方式

106. 剪力墙的编号有哪些规定?

编号规定:将剪力墙按剪力墙柱、剪力墙身、剪力墙梁(简称为"墙柱""墙身""墙梁")三类构件分别编号。

(1)墙柱编号,由墙柱类型代号和序号组成,表达形式应符合表3-3的规定。

表3-3 墙 柱 编 号

墙柱类型	代　　号	序　　号
约束边缘构件	YBZ	××
构造边缘构件	GBZ	××
非边缘暗柱	AZ	××
扶壁柱	FBZ	××

(2)墙身编号,由墙身代号、序号以及墙身所配置的水平与竖向分布钢筋的排数组成,其中,排数注写在括号内。表达形式为:

$$Q××(×排)$$

注:1. 在编号中,如若干墙柱的截面尺寸与配筋均相同,仅截面与轴线的关系不同时,可将其编为同一墙柱号;又如若干墙身的厚度尺寸和配筋均相同,仅墙厚与轴线的关系不同或墙身长度不同时,也可将其编为同一墙身号,但应在图中注明与轴线的几何关系。

2. 当墙身所设置的水平与竖向分布钢筋的排数为2时可不注。

3. 非抗震的分布钢筋网的排数规定:当剪力墙厚度大于160mm时,应配置双排;当其厚度不大于160mm时,宜配置双排。抗震的分布钢筋网的排数规定:当剪力墙厚度不大于400mm时,应配置双排;当剪力墙厚度大于400mm,但不大于700mm时,宜配置三排;当剪力墙厚度大于700mm时,宜配置四排。各排水平分布钢筋和竖向分布钢筋的直径与间距宜保持一致。当剪力墙配置的分布钢筋多于两排时,剪力墙拉筋两端应同时钩住外排水平纵筋和竖向纵筋,还应与剪力墙内排水平纵筋和竖向纵筋绑扎在一起。

(3)墙梁编号,由墙梁类型代号和序号组成,表达形式应符合表3-4的规定。

表3-4 墙 梁 编 号

墙梁类型	代　　号	序　　号
连梁	LL	××
连梁(对角暗撑配筋)	LL(JC)	××
连梁(交叉斜筋配筋)	LL(JX)	××
连梁(集中对角斜筋配筋)	LL(DX)	××
暗梁	AL	××
边框梁	BKL	××

注:在具体工程中,当某些墙身需设置暗梁式边框梁时,宜在剪力墙平法施工图中绘制暗梁或边框梁的平面布置图并编号,以明确其具体位置。

107. 剪力墙柱表有哪些表达内容？

（1）注写墙柱编号，绘制该墙柱的截面配筋图，标注墙柱几何尺寸。

1）约束边缘构件需注明阴影部分尺寸。

2）构造边缘构件需注明阴影部分尺寸。

3）扶壁柱及非边缘暗柱需标注几何尺寸。

剪力墙两端及洞口两侧应设置边缘构件，并应符合下列要求：

一、二级抗震设计的剪力墙底部加强部位及其上一层的墙肢端部设置约束边缘构件；一、二级抗震设计剪力墙的其他部位以及三、四级抗震设计和非抗震设计的剪力墙肢端部均应设置构造边缘构件。

框架-核心筒结构的核心筒、筒中筒结构的内筒，一、二级抗震等级筒体角部的边缘构件应按下列要求加强：底部加强部位，约束边缘构件沿墙肢的长度应取墙肢截面高度的 1/4，且约束边缘构件范围内应全部采用箍筋；底部加强部位以上的全高范围内转角墙设置约束边缘构件。通过约束边缘构件为墙肢两端的混凝土提供足够的约束，保证剪力墙肢底部塑性铰区的延性性能以及耗能能力。

约束边缘沿墙肢的长度任何情况下不少于 450mm 和 1.5 倍墙厚。

（2）注写各段墙柱的起止标高，自墙柱根部往上以变截面位置或截面未变但配筋改变处为界分段注写。墙柱根部标高一般指基础顶面标高（部分框支剪力墙结构则为框支梁顶面标高）。

（3）注写各段墙柱的纵向钢筋和箍筋，注写值应与在表中绘制的截面配筋图对应一致。纵向钢筋注写总配筋值；墙柱箍筋的注写方式与柱箍筋相同。

约束边缘构件除注写阴影部位的箍筋外，还需在剪力墙平面布置图中注写非阴影区内布置的拉筋（或箍筋）。

设计施工时应注意：

当约束边缘构件体积配箍率计算中计入墙身水平分布钢筋时，设计者应注明。此时还应注明墙身水平分布钢筋在阴影区域内设置的拉筋。施工时，墙身水平分布钢筋应注意采用相应的构造做法。当非阴影区外圈设置箍筋时，设计者应注明箍筋的具体数值及其余拉筋。施工时，箍筋应包住阴影区内第二列竖向纵筋。当设计采用与构造详图不同的做法时，应另行注明。

 108. 剪力墙身表有哪些表达内容？

（1）注写墙身编号（含水平与竖向分布钢筋的排数）。

（2）注写各段墙身起止标高，自墙身根部往上以变截面位置或截面未变但配筋改变处为界分段注写。墙身根部标高一般指基础顶面标高（部分框支剪力墙结构则为框支梁的顶面标高）。

（3）注写水平分布钢筋、竖向分布钢筋和拉筋的具体数值。注写数值为一排水平分布钢筋和竖向分布钢筋的规格与间距，具体设置几排已经在墙身编号后面表达。

109. 剪力墙梁表有哪些表达内容？

（1）注写墙梁编号，见表3-4。

（2）注写墙梁所在楼层号。

（3）注写墙梁顶面标高高差（指相对于墙梁所在结构层楼面标高的高差值），高于者为正值，低于者为负值，当无高差时不注。

（4）注写墙梁截面尺寸 $b\times h$，上部纵筋、下部纵筋和箍筋的具体数值。

（5）当连梁设有对角暗撑时［代号为 LL(JC)××］，注写暗撑的截面尺寸（箍筋外皮尺寸）；注写一根暗撑的全部纵筋，并标注"×2"，表明有两根暗撑相互交叉；注写暗撑箍筋的具体数值。

（6）当连梁设有交叉斜筋时［代号为 LL(JX)××］，注写连梁一侧对角斜筋的配筋值，并标注"×2"，表明对称设置；注写对角斜筋在连梁端部设置的拉筋根数、规格及直径，并标注"×4"，表示四个角都设置；注写连梁一侧折线筋配筋值，并标注"×2"，表明对称设置。

（7）当连梁设有集中对角斜筋时［代号为 LL(DX)××］，注写一条对角线上的对角斜筋，并标注"×2"，表明对称设置。

墙梁侧面纵筋的配置，当墙身水平分布钢筋满足连梁、暗梁及边框梁的梁侧面纵向构造钢筋的要求时，该筋配置同墙身水平分布钢筋，表中不注，施工按标准构造详图的要求即可；当不满足时，应在表中补充注明梁侧面纵筋的具体数值（其在支座内的锚固要求同连梁中受力钢筋）。

110. 剪力墙截面注写有哪些方式？

（1）截面注写方式，是在分标准层绘制的剪力墙平面布置图上，以直接在墙柱、墙身、墙梁上注写截面尺寸和配筋具体数值的方式来表达剪力墙平法施工图。剪力墙平法施工图截面注写方式示例，如图3-8所示。

（2）选用适当比例原位放大绘制剪力墙平面布置图，其中对墙柱绘制配筋截面图；对所有墙柱、墙身、墙梁分别进行编号，并分别在相同编号的墙柱、墙身、墙梁中选择一根墙柱、一道墙身、一根墙梁进行注写，其注写方式按以下规定进行。

1）从相同编号的墙柱中选择一个截面，注明几何尺寸，标注全部纵筋及箍筋

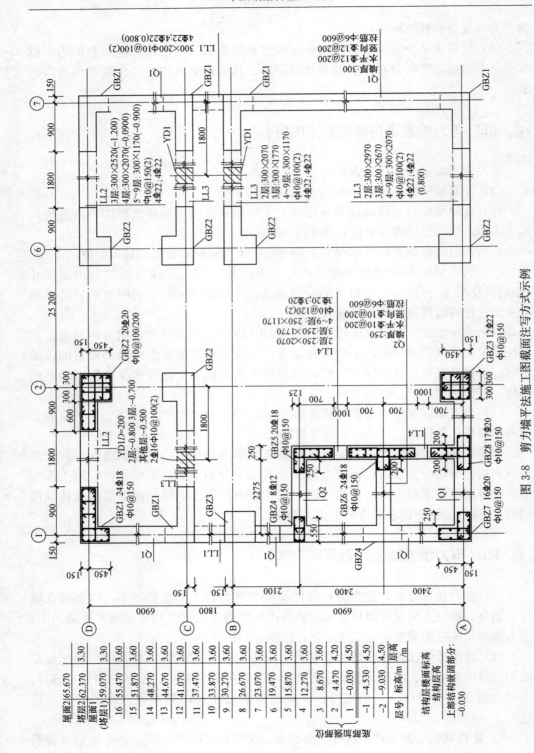

图 3-8 剪力墙平法施工图截面注写方式示例

的具体数值。

设计施工时应注意：当约束边缘构件体积配箍率计算中计入墙身水平分布钢筋在阴影区域内设置的拉筋，施工时，墙身水平分布钢筋应注意采用相应的构造做法。

2）从相同编号的墙身中选择一道墙身，按顺序引注的内容为：墙身编号（应包括注写在括号内墙身所配置的水平与竖向分布钢筋的排数），墙厚尺寸，水平分布钢筋、竖向分布钢筋和拉筋的具体数值。

3）从相关编号的墙梁中选择一根墙梁，按顺序引注的内容如下：

①注写墙梁编号、墙梁截面尺寸 $b \times h$、墙梁箍筋、上部纵筋、下部纵筋和墙梁顶面标高高差的具体数值。

②当连梁设有对角暗撑时［代号为 LL(JC)××］。

③当连梁设有集中交叉斜筋时［代号为 LL(JX)××］。

④当连梁设有集中对角斜筋时［代号为 LL(DX)××］。

当墙身水平分布钢筋不能满足连梁、暗梁及边框梁的梁侧面纵向构造钢筋的要求时，应补充注明梁侧面纵筋的具体数值；注写时，以大写字母 N 打头，接续注写直径与间距。其在支座内的锚固要求同连梁中受力钢筋。

111. 剪力墙洞口的表示有哪些方法？

（1）无论采用列表注写方式还是截面注写方式，剪力墙上的洞口均可在剪力墙平面布置图上原位表达。

（2）洞口的具体表示方法。

1）在剪力墙平面布置图上绘制洞口示意，并标注洞口中心的平面定位尺寸。

2）在洞口中心位置引注四项内容。

①洞口编号：矩形洞口为 JD××（××为序号），圆形洞口为 YD××（××为序号）。

②洞口几何尺寸：矩形洞口为洞宽×洞高（$b \times h$），圆形洞口为洞口直径 D。

③洞口中心相对标高，是相对于结构层楼（地）面标高的洞口中心高度。当其高于结构层楼面时为正值，低于结构层楼面时为负值。

④洞口每边补强钢筋，分以下几种不同情况：

当矩形洞口的洞宽、洞高均不大于 800mm 时，此项注写为洞口每边补强钢筋的具体数值（如果按标准构造详图设置补强钢筋时可不注）。当洞宽、洞高方向补强钢筋不一致时，分别注写洞宽方向、洞高方向补强钢筋，以"/"分隔。

当矩形或圆形洞口的洞宽或直径大于 800mm 时，在洞口的上、下需设置补强暗梁，此项注写为洞口上、下每边暗梁的纵筋与箍筋的具体数值（在标准构造详图中，补强暗梁梁高一律定为 400mm，施工时按标准构造详图取值，设计不注。

当设计者采用与该构造详图不同的做法时，应另行注明），圆形洞口时还需注明环向加强钢筋的具体数值；当洞口上、下边为剪力墙连梁时，此项免注；洞口竖向两侧设置边缘构件时，亦不在此项表达（当洞口两侧不设置边缘构件时，设计者应给出具体做法）。

当圆形洞口设置在连梁中部 1/3 范围（且圆洞直径不应大于 1/3 梁高）时，需注写在圆洞上、下水平设置的每边补强纵筋与箍筋。

当圆形洞口设置在墙身或暗梁、边框梁位置，且洞口直径不大于 300mm 时，此项注写为洞口上、下、左、右每边布置的补强纵筋的具体数值。

当圆形洞口直径大于 300mm，但不大于 800mm 时，其加强钢筋在标准构造详图中是按照圆外切正六边形的边长方向布置，设计仅需注写六边形中一边补强钢筋的具体数值。

 112. 剪力墙补强纵筋圆形洞口长度如何计算?

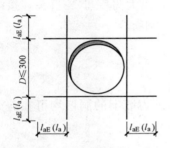

图 3-9 剪力墙圆形洞口直径不大于 300mm 时的补强纵筋构造

（1）洞口直径不大于 300mm 时，钢筋构造如图 3-9 所示。

从图 3-9 中可以看出，一共有两个对边，即 4 边，补强钢筋每边伸过洞口 l_{aE}。所以，

补强纵筋的长度＝洞口直径＋$2l_{aE}$（l_{aE} 根据抗震要求计算）

例如，一洞口标注为 YD1　300　3.100　2Φ12 则：补强纵筋的长度＝洞口直径＋$2l_{aE}$＝300＋$2l_{aE}$

（2）洞口直径大于 300mm 且不大于 800mm 时，钢筋构造如图 3-10 所示。

从图 3-10 中可以看出，一共有三个"对边"，即 6 边，补强钢筋每边直锚长度 l_{aE}。

通过解特殊直角三角形来计算补强纵筋的长度。根据特殊直角三角形的特性。

"短直角边：斜边：长直角边＝1：2：$\sqrt{3}$"可以得出：

正六边形边长/2：（圆洞口半径＋保护层）＝1：$\sqrt{3}$ 则

正六边形边长＝2×（圆洞口半径＋保护层）/$\sqrt{3}$

从而得出：

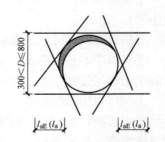

图 3-10 剪力墙圆形洞口直径大于 300mm 且不大于 800mm 时的补强纵筋构造

补强纵筋的长度＝正六边形边长＋$2l_{aE}$＝$2\times$（圆洞口半径＋保护层）$/\sqrt{3}$＋

$2l_{aE}$（l_{aE}根据抗震要求计算）

例如，一洞口标注为 YD3 400 3.100 3Φ12

则 补强纵筋的长度＝$2\times$（圆洞口半径＋保护层）$/\sqrt{3}$＋$2l_{aE}$

＝$2\times$（200＋保护层）$/\sqrt{3}$＋$2l_{aE}$

（3）洞口直径大于800mm时，钢筋构造如图3-11所示。

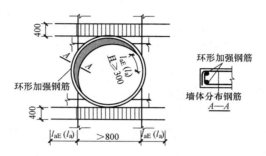

图 3-11 剪力墙圆形洞口直径大于800mm时的补强纵筋构造

洞口上下补强暗梁配筋按设计标注。当洞口上边或下边为剪力墙连梁时，不再重复设置补强暗梁。

 113. 剪力墙补强纵筋矩形洞口长度如何计算？

（1）洞宽、洞高均不大于800mm，钢筋构造如图3-12所示。

从图3-12中可以看出，补强纵筋长度计算的公式，即：

水平方向补强纵筋的长度＝洞口宽度＋$2l_{aE}$ （l_{aE}根据抗震要求计算）

垂直方向补强纵筋的长度＝洞口高度＋$2l_{aE}$ （l_{aE}根据抗震要求计算）

例如，一洞口标注为 JD1 500×400 3.100 3Φ12

3Φ12是指洞口一侧的补强纵筋，因此，水平方向与垂直方向的补强纵筋均为6Φ12。

则 水平方向补强纵筋的长度＝洞口宽度＋$2l_{aE}$＝500＋$2l_{aE}$

垂直方向补强纵筋的长度＝洞口高度＋$2l_{aE}$＝400＋$2l_{aE}$

（2）洞宽、洞高均大于800mm，钢筋构造如图3-13所示。

从图3-13中可以看出，补强暗梁纵筋长度计算的公式为：

补强暗梁的长度＝洞口宽度＋$2l_{aE}$ （l_{aE}根据抗震要求计算）

例如，一洞口标注为 JD1 1800×2100 1.800 6Φ20

则 补强暗梁的长度＝洞口宽度＋$2l_{aE}$＝1800＋$2l_{aE}$

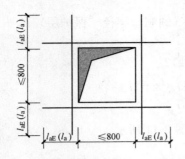
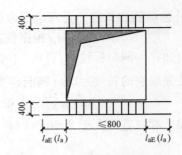

图 3-12　矩形洞宽和洞高均不大于　　　　图 3-13　矩形洞宽和洞高均大于 800mm 时
800mm 时洞口的补强纵筋构造　　　　　　　　　洞口的补强纵筋构造

 114. 基础层暗柱插筋长度如何计算？

剪力墙暗柱插筋是剪力墙暗柱钢筋与基础梁或基础板的锚固钢筋，包括锚固长度和垂直长度两部分。

基础层暗柱插筋长度＝弯折长度 a ＋锚固竖直长度 h_1 ＋搭接长度（$1.2l_{aE}$）

当采用机械连接时，钢筋搭接长度不计，暗柱基础插筋长度为：

基础层暗柱插筋长度＝弯折长度 a ＋锚固竖直长度 h_1 ＋钢筋出基础长度 500mm

通常在工程预算中计算钢筋质量时，一般不考虑钢筋错层搭接问题，因为错层搭接对钢筋总质量没有影响。

 115. 基础层暗柱插筋根数如何计算？

基础层暗柱插筋布置范围在剪力墙暗柱内，如图 3-14 所示。每个基础层剪力墙插筋根数可以直接从图纸上面数出，总根数＝暗柱的数量×每根暗柱插筋的根数。

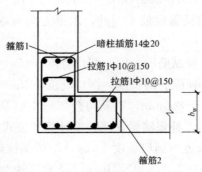

图 3-14　暗柱插筋构造图

116. 顶层暗柱钢筋如何计算?

剪力墙暗柱纵筋顶部构造, 如图 3-15 所示。

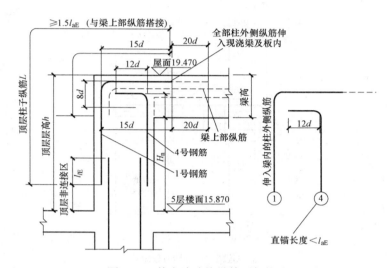

图 3-15　剪力墙暗柱纵筋顶部构造

从图 3-15 中可以得出顶层墙柱纵筋长度的计算公式。

顶层墙柱纵筋长度＝顶层净高－板厚＋顶层锚固长度

如果是端柱, 顶层锚固要区分边、中、角柱, 要区分外侧钢筋和内侧钢筋。因为端柱可以看作是框架柱, 所以其锚固也和框架柱相同。

117. 墙端部洞口连梁纵筋如何计算?

端部洞口连梁是设置在剪力墙端部洞口上的连梁, 如图 3-16 所示。

当端部小墙肢的长度满足直锚时, 纵筋可以直锚。当端部小墙肢的长度不满足直锚时, 须将纵筋伸至小墙肢纵筋内侧再弯折, 弯折长度为 $15d$。

(1) 当剪力墙连梁端部小墙肢的长度满足直锚时:

连梁纵筋长度＝洞口宽度＋左、右两边锚固 $\max(l_{aE}, 600)$

(2) 当剪力墙连梁端部小墙肢的长度不满足直锚时:

连梁纵筋长度＝洞口宽度＋右、边锚固 $\max(l_{aE}, 600)$＋左支座锚固墙肢宽度－

保护层厚度＋$15d$

纵筋根数根据图纸标注根数计算。

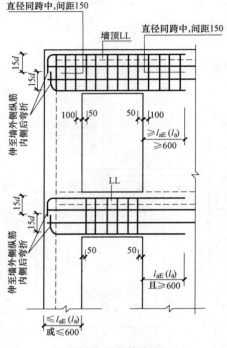

直径同跨中,间距150

直径同跨中,间距150

墙顶LL

15d

15d

伸至端外侧纵筋
内侧后弯折

100 150

50 100

$\geq l_{aE}(l_a)$
≥ 600

LL

15d

15d

伸至墙外侧纵筋
内侧后弯折

50

50

$l_{aE}(l_a)$
且≥ 600

$\leq l_{aE}(l_a)$
或≤ 600

洞口连梁（端部墙肢较短）

图3-16　墙端部洞口连梁

118. 墙端部洞口连梁箍筋如何计算？

箍筋长度＝（梁宽b＋梁高h－4×保护层）×2＋1.9d×2＋max(10d,75)

中间层连梁箍筋根数＝（洞口宽度－50×2)/箍筋配置间距＋1

顶层连梁箍筋根数＝（洞口宽－50×2)/箍筋配置间距＋1＋

（左端连梁锚固直段长－100)/150＋1＋

（右端连梁锚固直段长－100)/150＋1

119. 以某一基础层插筋为例，如何计算其插筋长度？

某一基础层 AZ1 插筋为Φ20，如图 3-17 所示。底板厚度 h＝1000mm，基础保护层为 40mm，钢筋直径 d＝20mm，混凝土强度等级为 C30，二级抗震等级，l_{aE}＝29d。试计算基础层 AZ1 插筋长度（机械连接）。

（1）锚固竖直长度 h_1 的计算。

因为弯折长度 a 的取值必须由 h_1 来判断，所以先计算锚固竖直长度 h_1。

h_1＝底板厚度 h－基础保护层＝1000－40＝960（mm）

（2）弯折长度 a 的判断。

由《混凝土结构施工图平面整体表示方法制图规则和构造详图（现浇混凝土框架、剪力墙、梁、板）》（11G101-1）图集第 53 页抗震锚固长度表（见表 1-6）可知：$l_{aE}=\zeta_{aE}l_a$，$l_a=\zeta_a l_{ab}$，得出：$l_{aE}=\zeta_{aE}\zeta_a l_{ab}$。

锚固长度 $l_{aE}=1.15\times1\times29d=33.35d\approx34d$
$$=34\times20=680\ （mm）$$

由于 h_1(1000mm)$>l_{aE}$(680mm)，所以弯折长度 $a=\max(6d,150)=150(mm)$。

基础层暗柱插筋长度＝弯折长度 a＋锚固竖直长度
h_1＋钢筋出基础长度 500mm
$$=150+960+500=1610\ （mm）$$

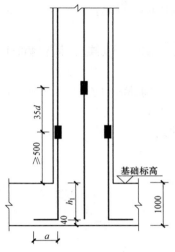

图 3-17　基础层 AZ1 插筋示意图

120. 以某一顶层纵筋为例，如何计算其长度？

顶层 AZ1 纵筋 12Φ18，采用 HPB300 级钢筋，混凝土强度等级为 C25，非抗震等级钢筋。其构造如图 3-18 所示。层高为 3000mm，板厚为 120mm，下层非连接区为 500mm。试计算顶层墙柱纵筋长度。

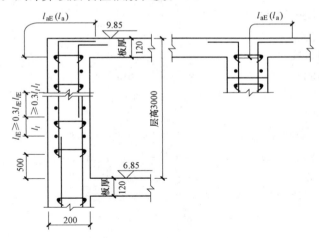

图 3-18　顶层 AZ1 纵筋长度构造

顶层净高＝层高－下层非连接区＝3000－500＝2500（mm）

根据"采用 HPB300 级钢筋，混凝土强度等级为 C25，非抗震等级钢筋"，查表 1-5 可以得出：

顶层锚固长度＝34d＝34×18＝612（mm）

顶层墙柱纵筋长度＝顶层净高－板厚＋顶层锚固长度＝2500－120＋612＝2992（mm）

 121. 以某一端部洞口连梁为例，如何计算其各种钢筋工程量？

端部洞口连梁 LL5 施工图，如图 3-19 所示。保护层厚度为 15mm，混凝土强度为 C25，抗震等级为一级，采用 HRB335 级钢筋。试计算连梁 LL5 中间层的各种钢筋。

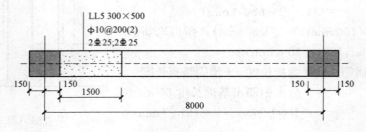

图 3-19　端部洞口连梁 LL5 施工图

（1）上下部纵筋。

右端直锚固长度＝max(l_{aE},600)

由"混凝土强度为 C25，抗震等级为一级，采用 HRB335 级钢筋"，查表 1-5 可以得出：

顶层锚固长度＝38d＝38×20＝760mm

故：

右端直锚固长度＝760mm

左端支座锚固＝300－15＋15×20＝585（mm）

总长度＝净长＋右端直锚固长度＋左端支座锚固＝1500＋760＋585＝2845（mm）

（2）箍筋长度。

箍筋长度＝（梁宽 b＋梁高 h－4×保护层）×2＋1.9d_1×2＋max(10d_1,75)

　　　＝（300＋500－4×15）×2＋1.9×10×2＋max(10×10,75)＝1618（mm）

（3）箍筋根数。

中间层连梁箍筋根数＝Ceil[（洞口宽－50×2）/箍筋配置间距]＋1

　　　＝Ceil[(1500－50×2)/200]＋1＝8（根）

 122. 梁平面注写有哪些方式？

平面注写方式，是在梁平面布置图上，分别在不同编号的梁中各选一根，在其上注写截面尺寸和配筋具体数值来表达梁平法施工图的方式。梁平法施工图平面注写方式示例，如图 3-20 所示。

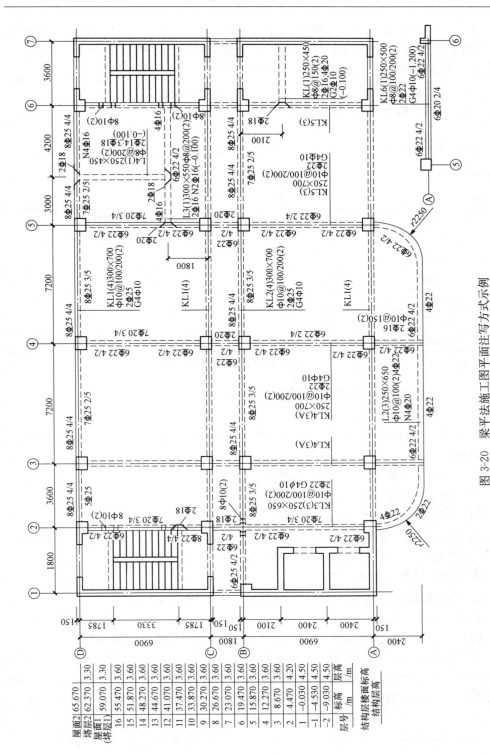

图 3-20　梁平法施工图平面注写方式示例

平面注写包括集中标注与原位标注，集中标注表达梁的通用数值，原位标注表达梁的特殊数值。当集中标注中的某项数值不适用于梁的某部位时，则将该项数值原位标注，施工时，原位标注取值优先。

 123. 梁的编号有哪些规定？

梁编号由梁类型代号、序号、跨数及有无悬挑代号几项组成，并应符合表 3-5 的规定。

表 3-5

梁 编 号

梁类型	代 号	序 号	跨数及是否有悬挑
楼层框架梁	KL	××	(××)、(××A) 或 (××B)
屋面框架梁	WKL	××	(××)、(××A) 或 (××B)
框支梁	KZL	××	(××)、(××A) 或 (××B)
非框架梁	L	××	(××)、(××A) 或 (××B)
悬挑梁	XL	××	—
井字梁	JZL	××	(××)、(××A) 或 (××B)

注：(××A) 为一端有悬挑，(××B) 为两端有悬挑，悬挑不计入跨数。

 124. 梁集中标注有哪些内容？

梁集中标注的内容，有五项必注值及一项选注值（集中标注可以从梁的任意一跨引出）。

（1）梁编号，见表 3-5，该项为必注值。

（2）梁截面尺寸，该项为必注值。

1）当为等截面梁时，用 $b×h$ 表示。

2）当为竖向加腋梁时，用 $b×h$ GY$c_1×c_2$ 表示，其中，c_1 为腋长，c_2 为腋高。

3）当为水平加腋梁时，一侧加腋时用 $b×h$PY$c_1×c_2$ 表示，其中 c_1 为腋长，c_2 为腋宽，加腋部位应在平面图中绘制。

4）当有悬挑梁且根部和端部的高度不同时，用斜线分隔根部与端部的高度值，即为 $b×h_1/h_2$。

（3）梁箍筋，包括钢筋级别、直径、加密区与非加密区间距及肢数，该项为必注值。箍筋加密区与非加密区的不同间距及肢数需用"/"分隔；当梁箍筋为同一种间距及肢数时，则不需用斜线；当加密区与非加密区的箍筋肢数相同时，则将肢数注写一次；箍筋肢数应写在括号内。加密区范围见相应抗震等级的标准构造详图。

当抗震设计中的非框架梁、悬挑梁、井字梁，及非抗震设计中的各类梁采用不同的箍筋间距及肢数时，也用"/"将其分隔开来。注写时，先注写梁支座端部的箍筋（包括箍筋的箍数、钢筋级别、直径、间距与肢数），在斜线后注写梁跨中部分的箍筋间距及肢数。

（4）梁上部通长筋或架立筋配置（通长筋可为相同或不同直径采用搭接连接、机械连接或焊接的钢筋），该项为必注值。所注规格与根数根据结构受力要求及箍筋肢数等构造要求而定。当同排纵筋中既有通长筋又有架立筋时，应用"+"将通长筋和架立筋相连。注写时需将角部纵筋写在加号的前面，架立筋写在加号后面的括号内，以示不同直径及与通长筋的区别。当全部采用架立筋时，则将其写入括号内。

当梁的上部纵筋和下部纵筋为全跨相同，且多数跨配筋相同时，此项可加注下部纵筋的配筋值，用"；"将上部与下部纵筋的配筋值分隔开来；少数跨不同者当集中标注中的某项数值不适用于干梁的某部位时，则将该数值原位标注。

（5）梁侧面纵向构造钢筋或受扭钢筋配置，该项为必注值。

当梁腹板高度 $h_w \geqslant 450$mm 时，需配置纵向构造钢筋，所注规格与根数应符合规范规定。此项注写值以大写字母 G 打头，接续注写设置在梁两个侧面的总配筋值，且对称配置。

当梁侧面需配置受扭纵向钢筋时，此项注写值以大写字母 N 打头，接续注写配置在梁两个侧面的总配筋值，且对称配置。受扭纵向钢筋应满足梁侧面纵向构造钢筋的间距要求，且不再重复配置纵向构造钢筋。

（6）梁顶面标高高差，该项为选注值。

梁顶面标高高差，是指相对于结构层楼面标高的高差值，对于位于结构夹层的梁，则指相对于结构夹层楼面标高的高差。有高差时，需将其写入括号内，无高差时不注。

125. 梁原位标注有哪些内容？

（1）梁支座上部纵筋，该部位含通长筋在内的所有纵筋。

1）当上部纵筋多于一排时，用"/"将各排纵筋自上而下分开。

2）当同排纵筋有两种直径时，用"+"将两种直径的纵筋相连，注写时将角部纵筋写在前面。

3）当梁中间支座两边的上部纵筋不同时，须在支座两边分别标注；当梁中间支座两边的上部纵筋相同时，可仅在支座的一边标注配筋值，另一边省去不注。

（2）梁下部纵筋。

1）当下部纵筋多于一排时，用"/"将各排纵筋自上而下分开。

2）当同排纵筋有两种直径时，用"+"将两种直径的纵筋相连，注写时角筋写在前面。

3）当梁下部纵筋不全部伸入支座时，将梁支座下部纵筋减少的数量写在括号内。

4）当梁的集中标注中已分别注写了梁上部和下部均为通长的纵筋值时，则不需在梁下部重复做原位标注。

5）当梁设置竖向加腋时，加腋部位下部纵筋应在支座下部以 Y 打头注写在括号内（见图 3-20）。当梁设置水平加腋时，水平加腋内上、下部斜纵筋应在加腋支座上部以 Y 打头注写在括号内，上下部斜纵筋之间用"/"分隔。

（3）当在梁上集中标注的内容（即梁截面尺寸、箍筋、上部通长筋或架立筋、梁侧面纵向构造钢筋或受扭纵向钢筋，以及梁顶面标高高差中的某一项或几项数值）不适用于某跨或某悬挑部位时，则将其不同数值原位标注在该跨或该悬挑部位，施工时应按原位标注数值取用。

当在多跨梁的集中标注中已注明加腋，而该梁某跨的根部却不需要加腋时，则应在该跨原位标注等截面的 $b×h$，以修正集中标注中的加腋信息。

（4）附加箍筋或吊筋，将其直接画在平面图中的主梁上，用线引注总配筋值（附加箍筋的肢数注在括号内）。当多数附加箍筋或吊筋相同时，可在梁平法施工图上统一注明，少数与统一注明值不同时，再原位引注。

126. 井字梁由哪些框架构成？

井字梁通常由非框架梁构成，并以框架梁为支座（特殊情况下以专门设置的非框架大梁为支座）。在此情况下，为明确区分井字梁与作为井字梁支座的梁，井字梁用单粗虚线表示（当井字梁顶面高出板面时可用单粗实线表示），作为井字梁支座的梁用双细虚线表示（当梁顶面高出板面时可用双细实线表示）。

《混凝土结构施工图平面整体表示方法制图规则和构造详图（现浇混凝土框架、剪力墙、梁、板）》（11G101-1）所规定的井字梁是指在同一矩形平面内相互正交所组成的结构构件，井字梁所分布范围称为"矩形平面网格区域"（简称"网格区域"）。当在结构平面布置中仅有由四根框架梁框起的一片网格区域时，所有在该区域相互正交的井字梁均为单跨；当有多片网格区域相连时，贯通多片网格区域的井字梁为多跨，且相邻两片网格区域分界处即为该井字梁的中间支座。对某根井字梁编号时，其跨数为其总支座数减 1；在该梁的任意两个支座之间，无论有几根同类梁与其相交，均不作为支座。

设计者应注明纵横两个方向梁相交处同一层面钢筋的上下交错关系（指梁上部或下部的同层面交错钢筋何梁在上，何梁在下），以及在该相交处两方向梁箍筋的布置要求。

127. 梁截面注写有哪些方式？

（1）截面注写方式，是在分标准层绘制的梁平面布置图上，分别在不同编号的梁中各选择一根梁用剖面号引出配筋图，并在其上注写截面尺寸和配筋具体数值的方式来表达梁平法施工图。梁平法施工图截面注写方式示例，如图 3-21 所示。

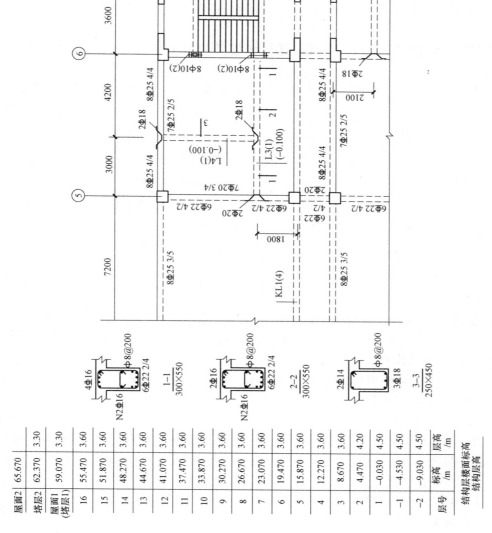

图 3-21　梁平法施工图截面注写方式示例

层号	标高/m	层高/m
屋面2	65.670	
塔层2	62.370	3.30
屋面1(塔层1)	59.070	3.30
16	55.470	3.60
15	51.870	3.60
14	48.270	3.60
13	44.670	3.60
12	41.070	3.60
11	37.470	3.60
10	33.870	3.60
9	30.270	3.60
8	26.670	3.60
7	23.070	3.60
6	19.470	3.60
5	15.870	3.60
4	12.270	3.60
3	8.670	3.60
2	4.470	4.20
1	-0.030	4.50
-1	-4.530	4.50
-2	-9.030	4.50

结构层楼面标高
结构层高

（2）对所有梁按表3-5的规定进行编号，从相同编号的梁中选择一根梁，先将"单边截面号"画在该梁上，再将截面配筋详图画在本图或其他图上。当某梁的顶面标高与结构层的楼面标高不同时，尚应继其梁编号后注写梁顶面标高高差（注写规定与平面注写方式相同）。

（3）在截面配筋详图上注写截面尺寸 $b×h$、上部筋、下部筋、侧面构造筋或受扭筋，以及箍筋的具体数值时，其表达形式与平面注写方式相同。

（4）截面注写方式既可以单独使用，也可与平面注写方式结合使用。

128. 楼层框架梁上、下部贯通筋长度如何计算？

（1）当梁的支座足够宽时，上部纵筋直锚于支座内，应满足如下条件，如图3-22 所示。

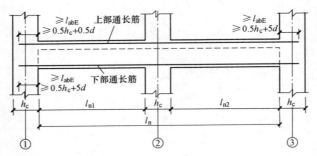

图3-22　梁端支座直锚示意图

楼层框架梁上、下部贯通钢筋长度＝l_n＋左锚入支座内长度 $\max(l_{aE}, 0.5h_c+5d)$＋
右锚入支座内长度 $\max(l_{aE}, 0.5h_c+5d)$

式中　l_n——通跨净长（mm）；

　　　h_c——柱截面沿框架梁方向的宽度（mm）；

　　　l_{aE}——钢筋锚固长度（mm）；

　　　d——钢筋直径（mm）。

（2）当梁的支座宽度 h_c 较小时，梁上、下部纵筋伸入支座的长度不能满足锚固要求，钢筋在端支座分弯锚和加锚头（锚板）两种方式锚固，如图3-23 所示。

弯折锚固长度＝$\max(l_{aE}, 0.4l_{aE}+15d,$支座宽$h_c$－保护层＋$15d)$

端支座加锚板时，梁纵筋伸至柱外侧纵筋内侧且伸入柱中长度不小于 $0.4l_{abE}$，同时在钢筋端头加锚头或锚板，如图3-24 所示。

弯锚时：

楼层框架梁上部贯通筋长度＝l_n＋左锚入支座内长度 $\max(l_{aE}, 0.4l_{abE}+15d,$
支座宽h_c－保护层＋$15d)$＋右锚入支座内长度
$\max(l_{aE}, 0.4l_{abE}+15d,$支座宽$h_c$－保护层＋$15d)$

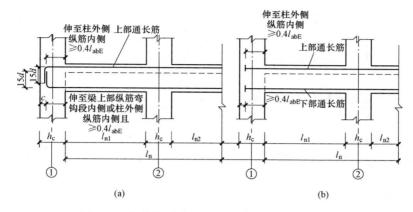

图 3-23　钢筋在端支座锚固长度小于 l_{aE} 时构造图

（a）端支座钢筋弯锚构造；（b）端支座钢筋加锚头（锚板）

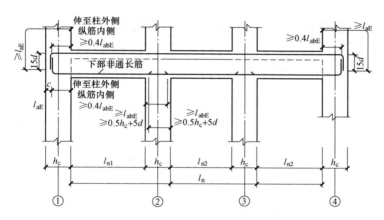

图 3-24　梁下部非通长筋计算示意

钢筋端头加锚头或锚板时：

楼层框架梁上、下部贯通筋长度＝l_n＋左锚入支座内长度 $\max(0.4l_{abE}$，支座宽 h_c－
保护层）＋右锚入支座内长度 $\max(0.4l_{abE}$，
支座宽 h_c－保护层）＋锚头长度

 129. 楼层框架梁下部非贯通筋长度如何计算？

梁下部非通长筋计算，如图 3-24 所示。

（1）当端支座足够宽时，端支座下部非贯通筋直锚在支座内，端支座锚固长度和中间支座锚固长度为 $\max(l_{aE}，0.5h_c＋5d)$。下部非贯通筋长度按如下公式计算：

首尾跨下部非贯通筋长度＝净跨 $l_{n1}(l_{n3})$＋左锚入支座内长度 $\max(l_{aE},0.5h_c+5d)$＋
　　　　　　　右锚入支座内长度 $\max(l_{aE},0.5h_c+5d)$

中间跨下部非贯通筋长度＝净跨 l_{n2}＋左锚入支座内长度 $\max(l_{aE},0.5h_c+$
　　　　　　　$5d)$＋右锚入支座内长度 $\max(l_{aE},0.5h_c+5d)$

（2）当梁端支座不能满足直锚长度时，必须弯锚，端支座下部钢筋应弯锚在支座内，端支座锚固长度为 $\max$（$0.4l_{abE}+15d$，支座宽 h_c－保护层＋$15d$），中间支座锚固长度为 $\max$（l_{aE}，$0.5h_c+5d$）。下部非贯通筋长度按如下公式计算：

首尾跨下部非贯通筋长度＝净跨 $l_{n1}(l_{n3})$＋端支座锚固长度 $\max(0.4l_{abE}+$
　　　　　　　$15d$，支座宽 h_c－保护层＋$15d$）＋
　　　　　　　中间支座锚固长度 $\max(l_{aE},0.5h_c+5d)$

中间跨下部非贯通筋长度＝净跨 l_{n2}＋左锚入支座内长度 $\max(l_{aE},0.5h_c+$
　　　　　　　$5d)$＋右锚入支座内长度 $\max(l_{aE},0.5h_c+5d)$

 130. 楼层框架梁中间支座负筋长度如何计算？

梁端支座负筋，如图 3-25 所示。

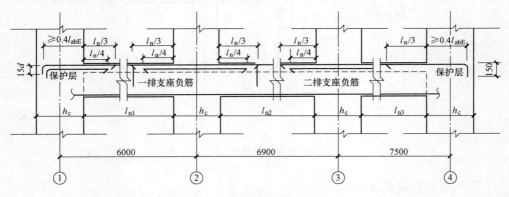

图 3-25　梁端支座负筋示意图

从图 3-25 中可以看出：

第一排中间支座负筋长度＝$\max(l_{n1},l_{n2})/3\times2$＋中间支座宽

第二排中间支座负筋长度＝$\max(l_{n1},l_{n2})/4\times2$＋中间支座宽

 131. 楼层框架梁架立筋长度如何计算？

连接框架梁第一排支座负筋的钢筋叫"架立筋"。架立筋主要起固定梁中间箍筋的作用，如图 3-26 所示。

首尾跨架立筋长度＝$l_{n1}-l_{n1}/3-\max(l_{n1},l_{n2})/3+150\times2$

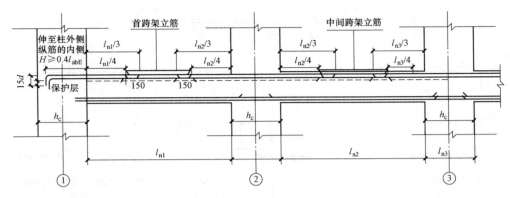

图 3-26　梁架立筋示意图

$$中间跨架立筋长度=l_{n2}-\max(l_{n1},l_{n2})/3-\max(l_{n2},l_{n3})/3+150\times2$$

132. 框架梁架立筋如何计算?

架立筋是梁的一种纵向构造钢筋。当梁顶面箍筋转角处无纵向受力钢筋时,应设置架立筋。架立筋的作用是形成钢筋骨架和承受温度收缩应力。

框架梁不一定具有架立筋,例如《混凝土结构施工图平面整体表示方法制图规则和构造详图(现浇混凝土框架、剪力墙、梁、板)》(11G101-1)图集第 34 页例子工程的 KL1,由于 KL1 所设置的箍筋是两肢箍,两根上部通长筋已经充当了两肢箍的架立筋,所以在 KL1 的上部纵筋标注中就不需要注写架立筋了。

如果该梁的箍筋是两肢箍,则两根上部通长筋已经充当架立筋,因此就不需要再另加架立筋。所以,对于两肢箍的梁来说,上部纵筋的集中标注"2⊈25"这种形式就完全足够了。

但是,当该梁的箍筋是四肢箍时,集中标注的上部钢筋就不能标注为"2⊈25"这种形式,必须把架立筋也标注上,这时的上部纵筋应该标注成"2⊈25+(2Φ12)"这种形式,圆括号里面的钢筋为架立筋。

$$架立筋的根数=箍筋的肢数-上部通长筋的根数$$

从图 3-27 可以看出,当设有架立筋时,架立筋与非贯通钢筋的搭接长度为 150mm,因此可以得出架立筋的长度是逐跨计算的,每跨梁的架立筋长度计算公式为:

$$架立筋的长度=梁的净跨长度-两端支座负筋的延伸长度+150\times2$$

下面以一个"等跨"梁为例说明"架立筋长度"的计算。

由于第一排支座负筋伸出支座的长度为 $l_n/3$,意味着跨中"支座负筋够不着的地方"的长度也是 $l_n/3$,所以:

$$架立筋的长度=l_n/3+150\times2$$

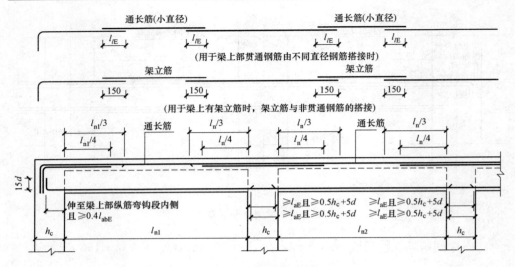

图 3-27 屋面框架梁纵筋构造

注：这个算式只对等跨梁才成立，它不是架立筋长度计算的通用公式。

 ## 133. 屋面框架梁上部贯通筋长度如何计算？

屋面框架梁上部贯通筋长度＝通跨净长＋（左端支座宽－保护层）＋（右端支座宽－保护层）＋弯折（梁高－保护层）×2

 ## 134. 屋面框架梁上部第一排负筋长度如何计算？

屋面框架梁上部第一排端支座负筋长度＝净跨 $l_{n1}/3$＋（左端支座宽－保护层）＋弯折（梁高－保护层）

135. 屋面框架梁上部第二排负筋长度如何计算？

屋面框架梁上部第二排端支座负筋长度＝净跨 $l_{n1}/4$＋（左端支座宽－保护层）＋弯折（梁高－保护层）

136. 梁端支座直锚水平段钢筋如何计算？

从图 3-27 可以看出，框架梁上、下纵筋的计算方法如下：

端支座处的框架梁纵筋首先要伸到柱对边的远端，然后再验算水平直锚段不小于 $0.4l_{aE}$。然而，从图 3-27 可以看到，上部第一排、上部第二排、下部第一排、下部第二排纵筋的四个 $15d$ 直钩段形成"1、2、3、4"的从外向内的垂直层次，还要保证每两个直钩段钢筋净距不小于 25mm，这样，有可能导致第 4 个层次（下部第二排纵筋）的直锚水平段长度小于 $0.4l_{abE}$ 的后果。

我们按图 3-27 中的 KL2 的端支座（600×600 的端柱）进行上部两排纵筋和下部两排纵筋的配筋计算，结果发现"第 4 个层次"的纵筋的直锚水平段长度不满足"$\geq 0.4l_{abE}$"的要求。所以如果遇到保证每根钢筋之间净距与保证直锚长度不能同时满足的实际情况，就有了如下几个解决方案：

（1）梁钢筋弯钩直段与柱纵筋以不小于 45°斜交，成"零距离点接触"。

（2）将最内层梁纵筋按等面积代换为较小直径的钢筋。

（3）梁下部纵筋锚入边柱时，端头直钩向下锚入柱内。这样的好处是：下部纵筋的 $15d$ 直钩不与上部纵筋的直钩打架，可以大大改善节点区的拥挤状态。只是要改变将施工缝留在梁底的习惯。

根据工程技术人员的实际经验，以及同结构设计人员对"平法梁"技术的深入探讨，提出下述新观点：

框架梁上部第一排、上部第二排、下部第一排、下部第二排纵筋的四个 $15d$ 直钩段形成"1、2、1、2"的垂直层次，可以改善原来第 4 个层次（下部第二排纵筋）直锚水平段不足 $0.4l_{abE}$ 的状况。

也就是说：框架梁上部第一排纵筋直通到柱外侧，上部第二排纵筋的直钩段与第一排纵筋保持一个钢筋净距；同样，框架梁下部第一排纵筋也是直通到柱外侧，下部第二排纵筋的直钩段与第一排纵筋保持一个钢筋净距。

按这样的布筋方法，下部第一排纵筋的直锚水平段长度与上部第一排纵筋相同，下部第二排纵筋的直锚水平段长度与上部第二排纵筋相同。这样，可以避免发生下部第二排纵筋直锚水平段长度小于 $0.4l_{abE}$ 的现象。

这个新方案实现的可能性：虽然上部第一排纵筋和下部第一排纵筋的 $15d$ 垂直段同属一个垂直层次，但是安装钢筋时可以把"$15d$ 直钩段"向相反方向做一定角度的偏转，从而可以避免两个"$15d$ 直钩段"相互碰头。

根据上面的分析，第一排纵筋和第二排纵筋的直锚水平段长度的计算公式如下：

$$第一排纵筋直锚水平段长度 = 支座宽度 - 30 - d_z - 25$$
$$第二排纵筋直锚水平段长度 = 支座宽度 - 30 - d_z - 25 - d_1 - 25$$

式中　d_z——柱外侧纵筋的直径（mm）；

d_1——第一排梁纵筋的直径（mm）；

30——柱纵筋的保护层厚度（mm）；

25——两排纵筋直钩段之间的净距（mm）。

第一排纵筋直钩段与柱外侧纵筋的净距为 25mm，第二排纵筋直钩段与第一排纵筋直钩段的净距为 25mm。

137. 以某一楼层框架梁为例，如何计算上下通长筋长度？

某一楼层框架梁 KL1 的平法表示，如图 3-28 所示，KL1 的纵筋直锚构造，如图 3-29 所示。只有上下通长筋，且柱子截面较大，保护层厚度为 20mm，混凝土强度等级为 C30，二级抗震等级，采用 HRB335 级钢筋。试计算上下通长筋的长度。

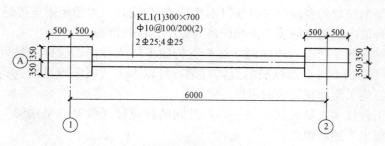

图 3-28　楼层框架梁 KL1 的平法示意图

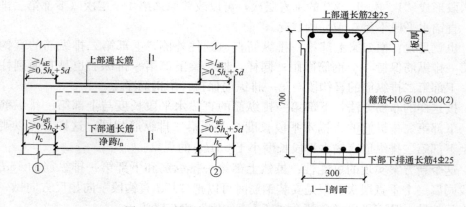

图 3-29　楼层框架梁 KL1 纵筋直锚构造图

首先要判断钢筋是否直锚在端支座内。

由图 3-29 可知，在柱子宽 h_c —保护层 $\geq l_{aE}$ 时，纵筋直锚在端支座里。

支座宽 $h_c = 1000\text{mm}$。

由《混凝土结构施工图平面整体表示方法制图规则和构造详图（现浇混凝土框架、剪力墙、梁、板）》（11G101-1）图集第 53 页抗震锚固长度表可知：$l_{aE} = \zeta_{aE} l_a$，$l_a = \zeta_a l_{ab}$，得出：$l_{aE} = \zeta_{aE} \zeta_a l_{ab}$，$l_{ab} = 29d$。

锚固长度 $l_{aE} = 1.15 \times 1 \times 29 \times 25 = 38 \times 25 = 840$（mm）

柱子宽 h_c —保护层 $= 1000 - 20 = 980$（mm）

因为柱子宽 h_c —保护层 $> l_{aE}$，所以判断纵向钢筋必须直锚。

（1）上部通长筋长度计算。

$$0.5h_c + 5d = 0.5 \times 1000 + 5 \times 25 = 625 \text{（mm）}$$

楼层框架梁上部贯通钢筋长度＝跨净长 l_n＋左锚入支座内长度 $\max(l_{aE}, 0.5h_c +$

$$5d) + 右锚入支座内长度 \max(l_{aE}, 0.5h_c + 5d)$$

$$= (6000 - 500 - 500) + \max(840, 625) + \max(840, 625)$$

$$= 5000 + 840 + 840 = 6680 \text{(mm)}$$

（2）下部通长筋长度计算。

下部通长筋的计算方法与上部通长筋计算一样。

楼层框架梁下部贯通钢筋长度＝跨净长 l_n＋左锚入支座内长度 $\max(l_{aE}, 0.5h_c +$

$$5d) + 右锚入支座内长度 \max(l_{aE}, 0.5h_c + 5d)$$

$$= (6000 - 500 - 500) + \max(840, 625) + \max(840, 625)$$

$$= 5000 + 840 + 840 = 6680 \text{(mm)}$$

 138. 以某一抗震框架梁为例，如何计算其架立筋工程量？

抗震框架梁 KL2 为两跨梁，如图 3-30 所示。支座 KZ1 为 500mm×500mm，正中每跨梁左右支座的原位标注都是 4Φ25，集中标注的上部钢筋为 2Φ25＋（2Φ14），集中标注的箍筋为Φ10@100/200（4），第一跨轴线跨度为 3500mm，第二跨轴线跨度为 4400mm。计算 KL2 的架立筋。（混凝土强度等级 C25，二级抗震等级）

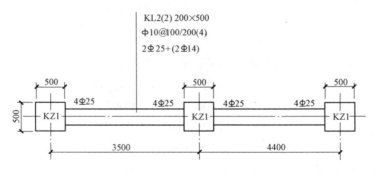

图 3-30　KL2 平法表示图

KL2 为不等跨的多跨框架梁，

$$第一跨净跨长度 = l_{n1} = 3500 - 500/2 - 500/2 = 3000 \text{(mm)}$$

$$第一跨净跨长度 = l_{n2} = 4400 - 500/2 - 500/2 = 3900 \text{(mm)}$$

$$l_n = \max(l_{n1}, l_{n2}) = \max(3000, 3900) = 3900 \text{(mm)}$$

第一跨左支座负筋伸出长度为 $l_{n1}/3$，右支座负筋伸出长度为 $l_n/3$，所以第一跨架立筋长度为：

架立筋长度＝$l_{n1} - l_{n1}/3 - l_n/3 + 150 \times 2 = 3000 - 3000/3 - 3900/3 + 300 = 1000$（mm）

第二跨左支座负筋伸出长度为 $l_n/3$，右支座负筋伸出长度为 $l_{n2}/3$，所以第二跨架立筋长度为：

架立筋长度＝l_{n2}－$l_n/3$－$l_{n2}/3$＋150×2＝3900－3900/3－3900/3＋300

＝1600（mm）

从钢筋的集中标注可以看出，KL2为四肢箍，由于设置了上部通长筋位于梁箍筋的角部，所以在箍筋的中间要设置两根架立筋。

每跨的架立筋根数＝箍筋的肢数－上部通长筋的根数＝4－2＝2（根）

139. 以某一屋面框架梁为例，如何计算其钢筋？

某一屋面框架梁 WKL1 的平法表示，如图 3-31 所示。保护层厚度为 25mm，每 8000mm 搭接一次，混凝土强度等级为 C35，一级抗震等级，采用 HRB335 级钢筋。试计算该屋面框架梁钢筋的工程量。

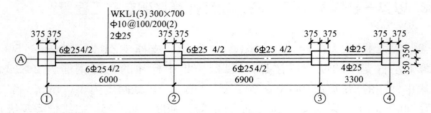

图 3-31　屋面框架梁 WKL1 的平法示意图

（1）上部通长筋的计算。

屋面框架梁上部贯通筋长度＝通跨净长＋（左端支座宽－保护层）＋（右端支座宽－保护层）＋弯折（梁高－保护层）×2

＝（6000＋6900＋3200－375－375）＋（750－25）＋

（750－25）＋（700－25）×2

＝18150（mm）

（2）第一跨下部钢筋计算。

根据"混凝土强度等级为 C35，一级抗震等级，采用 HRB335 级钢筋"已知条件，查《混凝土结构施工图平面整体表示方法制图规则和构造详图（现浇混凝土框架、剪力墙、梁、板）》（11G101-1）图集抗震锚固长度表（见表1-6）可知：l_{ab}＝$31d$＝31×25＝775mm。

支座宽 h_c－保护层＝750－25＝725（mm）

因为支座宽 h_c－保护层＜l_{aE}，所以判断纵向钢筋必须弯锚。

左支座锚固＝max(0.4l_{abE}＋15d,支座宽 h_c－保护层＋15d)

＝max(0.4×31×25＋15×25,750－25＋15×25)

$$=1100（mm）$$

右支座锚固＝max$(l_{aE}, 0.5h_c+5d)$＝max$(775, 0.5×750+5×25)$＝775 （mm）

第一跨下部钢筋长度＝通跨净长＋左支座锚固＋右支座锚固

$$=(6000-375-375)+1100+775=7125 （mm）$$

（3）第二跨下部钢筋计算。

左、右支座锚固＝max$(l_{aE}, 0.5h_c+5d)$＝max$(775, 0.5×750+5×25)$＝775 （mm）

第二跨下部钢筋长度＝通跨净长＋左支座锚固＋右支座锚固

$$=(6900-375-375)+775+775=7700 （mm）$$

（4）第三跨下部钢筋计算。

左支座锚固＝max$(l_{aE}, 0.5h_c+5d)$＝max$(775, 0.5×750+5×25)$＝775 （mm）

右支座锚固＝max$(0.4l_{abE}+15d,$支座宽h_c-保护层$+15d)$

$$=max(0.4×31×25+15×25, 750-25+15×25)=1100 （mm）$$

第三跨下部钢筋长度＝通跨净长＋左支座锚固＋右支座锚固

$$=(3200-375-375)+775+1100=4325 （mm）$$

（5）第三跨跨中钢筋计算。

右锚固长度＝（支座宽－保护层）＋（梁高－保护层）

$$=(750-25)+(700-25)=1400 （mm）$$

第三跨跨中钢筋长度＝第三跨净跨长＋支座宽＋第二跨净跨长/3＋右锚固长度

$$=(3200-375-375)+750+(6900-375-375)/3+1400$$
$$=6650 （mm）$$

140. 以某 KL 钢筋为例，如何计算其钢筋？

KL 平法施工图，如图 3-32 所示。柱保护层厚度 $c=20$mm，$l_{aE}=34d$，箍筋起步距离为 50mm，双肢箍长度计算公式：$(b-2c)×2+(h-2c)×2+(1.9d+10d)×2$，试计算该钢筋的工程量。

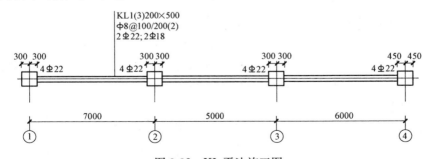

图 3-32　KL 平法施工图

（1）上部通长筋 2Φ22。

1）判断两端支座锚固方式：

左端支座 $600 < l_{aE}$，因此左端支座内弯锚；右端支座 $900 > l_{aE}$，因此右端支座内直锚。

2）上部通长筋长度：

上部通长筋长度

$= 7000 + 5000 + 6000 - 300 - 450 + (600 - 20 + 15d) + \max(34d, 300 + 5d)$

$= 7000 + 5000 + 6000 - 300 - 450 + (600 - 20 + 15 \times 22) + \max(34 \times 22, 300 + 5 \times 22)$

$= 18\ 908 (\text{mm})$

$$\text{接头个数} = \text{Ceil}(18\ 908 / 9000) - 1 = 2（个）$$

（2）支座 1 负筋 2Φ22。

1）左端支座锚固同上部通长筋；跨内延伸长度 $l_n/3$。

2）支座负筋长度 $= 600 - 20 + 15d + (7000 - 600)/3$

$$= 600 - 20 + 15 \times 22 + (7000 - 600)/3 = 3044（\text{mm}）$$

（3）支座 2 负筋 2Φ22。

长度 $=$ 两端延伸长度 $+$ 支座宽度 $= 2 \times (7000 - 600)/3 + 600 = 4867（\text{mm}）$

（4）支座 3 负筋 2Φ22。

长度 $=$ 两端延伸长度 $+$ 支座宽度 $= 2 \times (6000 - 7500)/3 + 600 = 4100（\text{mm}）$

（5）支座 4 负筋 2Φ22。

支座负筋长度 $=$ 右端支座锚固同上部通长筋 $+$ 跨内延伸长度 $l_n/3$

$$= \max(34 \times 22, 300 + 5 \times 22) + (6000 - 750)/3$$

$$= 2498（\text{mm}）$$

（6）下部通长筋 2Φ18。

1）判断两端支座锚固方式。

左端支座 $600 < l_{aE}$，因此左端支座内弯锚；右端支座 $900 > l_{aE}$，因此右端支座内直锚。

2）下部通长筋长度。

下部通长筋长度 $= 7000 + 5000 + 6000 - 300 - 450 + (600 - 20 + 15d) +$

$\max(34d, 300 + 5d) = 7000 + 5000 + 6000 - 300 - 450 +$

$(600 - 20 + 15 \times 18) + \max(34 \times 18, 300 + 5 \times 18) = 18\ 712 (\text{mm})$

$$\text{接头个数} = \text{Ceil}(18\ 712 / 9000) - 1 = 2（个）$$

（7）箍筋长度。

箍筋长度 $= (b - 2c) \times 2 + (h - 2c) \times 2 + (1.9d + 10d) \times 2$

$$= (200 - 2 \times 20) \times 2 + (500 - 2 \times 20) \times 2 + 2 \times 11.9 \times 8 = 1431（\text{mm}）$$

（8）每跨箍筋根数。

$$\text{箍筋加密区长度} = 2 \times 500 = 1000（\text{mm}）$$

$$\text{第一跨} = 22 + 21 = 43（根）$$

$$加密区根数＝2×Ceil[(1000-50)/100+1]=22(根)$$
$$非加密区根数＝Ceil[(7000-600-2000)/200]-1=21(根)$$
$$第二跨＝22+11=33(根)$$
$$加密区根数＝2×Ceil[(1000-50)/100+1]=22(根)$$
$$非加密区根数＝Ceil[(5000-600-2000)/200]-1=11(根)$$
$$第三跨＝22+16=38(根)$$
$$加密区根数＝2×Ceil[(1000-50)/100+1]=22(根)$$
$$非加密区根数＝Ceil[(6000-750-2000)/200]-1=16(根)$$
$$总根数＝43+33+38=114(根)$$

 141. 以某 WKL 钢筋为例，如何计算其钢筋？

WKL1 平法施工图，如图 3-33 所示。柱保护层厚度 $c=20mm$，梁保护层＝20mm，$l_{aE}=34d$，箍筋起步距离为 50mm，双肢箍长度计算公式：$(b-2c)×2+(h-2c)×2+(1.9d+10d)×2$，锚固方式采用"梁包柱"锚固方式，试计算该钢筋的工程量。

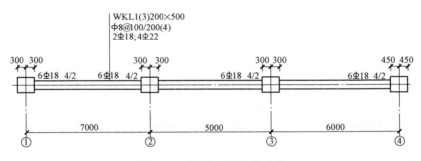

WKL1(3)200×500
Φ8@100/200(4)
2Φ18;4Φ22

300 300　　　　　　　300 300　　　　　　300 300　　　　　450 450
6Φ18 4/2　　6Φ18 4/2　　　6Φ18 4/2　　　6Φ18 4/2

7000　　　　　　5000　　　　　　6000
① 　　　　　　② 　　　　　　③ 　　　　　④

图 3-33　WKL1 平法施工图

(1) 上部通长筋 2Φ18。

1) 按梁包柱锚固方式，两端均伸至端部下弯 $1.7l_{aE}$。

2) 上部通长筋长度＝7000＋5000＋6000＋300＋450－40＋2×1.7l_{aE}
　　　　＝7000＋5000＋6000＋300＋450－40＋2×1.7×34×18
　　　　＝20 791（mm）

(2) 支座 1 负筋上排 2Φ18 下排 2Φ18。

1) 上排支座负筋长度＝1.7l_{aE}＋(7000－600)/3＋600－20
　　　　＝1.7×34×18＋(7000－600)/3＋600－20
　　　　＝3754（mm）

2) 下排支座负筋长度＝1.7l_{aE}＋(7000－600)/4＋600－20
　　　　＝1.7×34×18＋(7000－600)/4＋600－20＝3221（mm）

（3）支座 2 负筋上排 2Φ18 下排 2Φ18。

1）上排支座负筋长度＝2×(7000−600)/3+600＝4867（mm）

2）下排支座负筋长度＝2×(7000−600)/4+600＝3800（mm）

（4）支座 3 负筋上排 2Φ18 下排 2Φ18。

1）上排支座负筋长度＝2×(6000−750)/3+600＝4100（mm）

2）下排支座负筋长度＝2×(6000−750)/4+600＝3225（mm）

（5）支座 4 负筋上排 2Φ18 下排 2Φ18。

1）上排支座负筋长度＝$1.7l_{aE}$＋(6000−750)/3+900−20

$\qquad\qquad\qquad\qquad$＝1.7×34×18＋(6000−750)/3+900−20

$\qquad\qquad\qquad\qquad$＝3671（mm）

2）下排支座负筋长度＝$1.7l_{aE}$＋(6000−750)/4+900−20

$\qquad\qquad\qquad\qquad$＝1.7×34×18＋(6000−750)/4+900−20

$\qquad\qquad\qquad\qquad$＝3233（mm）

（6）下部通长筋 4Φ22。

1）上部通长筋长度＝7000＋5000＋6000＋300＋450−40＋2×15d

$\qquad\qquad\qquad\qquad$＝7000＋5000＋6000＋300＋450−40＋2×15×22

$\qquad\qquad\qquad\qquad$＝19 370（mm）

2）接头个数＝Ceil(19 370/9000)−1＝2（个）

（7）箍筋长度

1）外大箍筋长度＝(200−2×20)×2+(500−2×20)×2+2×11.9×8

$\qquad\qquad\qquad$＝1431（mm）

2）里小箍筋长度＝2×{[(200−50)/3+20]+(500−40)}+2×11.9×8

$\qquad\qquad\qquad$＝1251（mm）

（8）每跨箍筋根数。

1）箍筋加密区长度＝2×500＝1000（mm）

2）第一跨＝22＋21＝43（根）

$\qquad\qquad$加密区根数＝2×Ceil[(1000−50)/100+1]＝22（根）

$\qquad\qquad$非加密区根数＝Ceil[(7000−600−2000)/200]−1＝21（根）

3）第二跨＝22＋11＝33（根）

$\qquad\qquad$加密区根数＝2×Ceil[(1000−50)/100+1]＝22（根）

$\qquad\qquad$非加密区根数＝Ceil[(5000−600−2000)/200]−1＝11（根）

4）第三跨＝22＋16＝38（根）

$\qquad\qquad$加密区根数＝2×Ceil[(1000−50)/100+1]＝22（根）

$\qquad\qquad$非加密区根数＝Ceil[(6000−750−2000)/200]−1＝16（根）

5）总根数＝43＋33＋38＝114（根）

114

142. 以某 L 钢筋为例，如何计算其钢筋？

L1 平法施工图，如图 3-34 所示。梁保护层＝20mm，l_a＝34d，箍筋起步距离为 50mm，双肢箍长度计算公式：$(b-2c)\times2+(h-2c)\times2+(1.9d+10d)\times2$，试计算该钢筋的工程量。

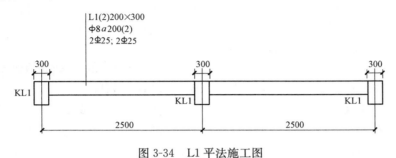

图 3-34　L1 平法施工图

（1）上部钢筋 2Φ25。

上部钢筋长度＝5000＋300－40＋2×15d＝5000＋300－40＋2×15×25

＝6010（mm）

（2）下部钢筋 2Φ25。

下部钢筋长度＝5000－300＋2×12d＝5000－300＋2×12×25

＝5300（mm）

（3）箍筋长度。

1）箍筋长度＝（200－2×20）×2＋（300－2×20）×2＋2×11.9×8

＝1031（mm）

2）第一跨根数＝Ceil［（2500－300－50）/200］＋1＝12（根）

3）第二跨根数＝Ceil［（2500－300－50）/200］＋1＝12（根）

 143. 有梁楼盖板块集中标注有哪些方法？

（1）板块集中标注的内容为：板块编号、板厚、贯通纵筋，以及当板面标高不同时的标高高差。

对于普通楼面，两向均以一跨为一板块；对于密肋楼盖，两向主梁（框架梁）均以一跨为一板块（非主梁密肋不计）。所有板块应逐一编号，相同编号的板块可择其一做集中标注，其他仅注写置于圆圈内的板编号，以及当板面标高不同时的标高高差。

板块编号按表 3-6 的规定。

表 3-6 板　块　编　号

板　类　型	代　号	序　号
楼面板	LB	××
屋面板	WB	××
悬挑板	XB	××

板厚注写为 $h=×××$（为垂直于板面的厚度）；当悬挑板的端部改变截面厚度时，用"/"分隔根部与端部的高度值，注写为 $h=×××/×××$；当设计已在图注中统一注明板厚时，此项可不注。

贯通纵筋按板块的下部和上部分别注写（当板块上部不设贯通纵筋时则不注），并以 B 代表下部，以 T 代表上部，B&T 代表下部与上部；X 向贯通纵筋以 X 打头，Y 向贯通纵筋以 Y 打头，两向贯通纵筋配置相同时则以 X&Y 打头。

当为单向板时，分布筋可不必注写，而在图中统一注明。

当在某些板内（例如在悬挑板 XB 的下部）配置有构造钢筋时，则 X 向以 X_c，Y 向以 Y_c 打头注写。

当 Y 向采用放射配筋时（切向为 X 向，径向为 Y 向），设计者应注明配筋间距的定位尺寸。

当贯通筋采用两种规格钢筋"隔一布一"方式时，表达为 $xx/yy@xxx$，表示直径为 xx 的钢筋和直径为 yy 的钢筋二者之间间距为 xxx，直径 xx 的钢筋的间距为 xxx 的 2 倍，直径 yy 的钢筋间距 xxx 的 2 倍。

板面标高高差，是指相对于结构层楼面标高的高差，应将其注写在括号内，且有高差则注，无高差不注。

（2）同一编号板块的类型、板厚和贯通纵筋均应相同，但板面标高、跨度、平面形状及板支座上部非贯通纵筋可以不同，如同一编号板块的平面形状可为矩形、多边形及其他形状等。施工预算时，应根据其实际平面形状，分别计算各块板的混凝土与钢材用量。

设计应注意板中间支座两侧上部贯通纵筋的协调配置，施工及预算应按具体设计和相应标准构造要求实施。等跨与不等跨板上部贯通纵筋的连接有特殊要求时，其连接部位及方式应由设计者注明。

144. 无梁楼盖板带集中标注有哪些方法？

（1）集中标注应在板带贯通纵筋配置相同跨的第一跨（X 向为左端跨，Y 向为下端跨）注写。相同编号的板带可择其一做集中标注，其他仅注写板带编号（注在圆圈内）。

板带集中标注的具体内容为：板带编号、板带厚及板带宽和贯通纵筋。

板带编号按表 3-7 的规定。

表 3-7　　　　　　　　　　　板　带　编　号

板带类型	代　号	序　号	跨数及有无悬挑
柱上板带	ZSB	××	（××）、（××A）或（××B）
跨中板带	KZB	××	（××）、（××A）或（××B）

注：1. 跨数按柱网轴线计算（两相邻柱轴线之间为一跨）。

　　2.（××A）为一端有悬挑，（××B）为两端有悬挑，悬挑不计入跨数。

板带厚注写为 $h=×××$，板带宽注写为 $b=×××$。当无梁楼盖整体厚度和板带宽度已在图中注明时，此项可不注。

贯通纵筋按板带下部和板带上部分别注写，并以 B 代表下部，T 代表上部，B&T 代表下部和上部。当采用放射配筋时，设计者应注明配筋间距的度量位置，必要时补绘配筋平面图。

设计应注意板带中间支座两侧上部贯通纵筋的协调配置，施工及预算应按具体设计和相应标准构造要求实施。等跨与不等跨板上部贯通纵筋的连接构造要求见相关标准构造详图；当具体工程对板带上部纵向钢筋的连接有特殊要求时，其连接部位及方式应由设计者注明。

（2）当局部区域的板面标高与整体不同时，应在无梁楼盖的板平法施工图上注明板面标高高差及分布范围。

 145. 有梁楼盖板支座原位标注有哪些方法？

（1）板支座原位标注的内容为：板支座上部非贯通纵筋和悬挑板上部受力钢筋。

板支座原位标注的钢筋，应在配置相同跨的第一跨表达（当在梁悬挑部位单独配置时则在原位表达）。在配置相同跨的第一跨（或梁悬挑部位），垂直于板支座（梁或墙）绘制一段适宜长度的中粗实线（当该筋通长设置在悬挑板或短跨板上部时，实线段应画至对边或贯通短跨），以该线段代表支座上部非贯通纵筋，并在线段上方注写钢筋编号（如①、②等）、配筋值、横向连续布置的跨数（注写在括号内，且当为一跨时可不注），以及是否横向布置到梁的悬挑端。

（××）为横向布置的跨数，（××A）为横向布置的跨数及一端的悬挑梁部位，（××B）为横向布置的跨数及两端的悬挑梁部位。

板支座上部非贯通筋自支座中线向跨内的伸出长度，注写在线段的下方位置。

当中间支座上部非贯通纵筋向支座两侧对称伸出时，可仅在支座一侧线段下方标注伸出长度，另一侧不注。

当向支座两侧非对称伸出时，应分别在支座两侧线段下方注写伸出长度。

对线段画至对边贯通全跨或贯通全悬挑长度的上部通长纵筋，贯通全跨或伸出至全悬挑一侧的长度值不注，只注明非贯通筋另一侧的伸出长度值。

当板支座为弧形，支座上部非贯通纵筋呈放射状分布时，设计者应注明配筋间距的度量位置并加注"放射分布"四字，必要时应补绘平面配筋图。

当悬挑板端部厚度不小于 150mm 时，设计者应指定板端部封边构造方式，当采用 U 形钢筋封边时，还应指定 U 形钢筋的规格、直径。

在板平面布置图中，不同部位的板支座上部非贯通纵筋及悬挑板上部受力钢筋，可仅在一个部位注写，对其他相同者则仅需在代表钢筋的线段上注写编号及注写横向连续布置的跨数即可。

此外，与板支座上部非贯通纵筋垂直且绑扎在一起的构造钢筋或分布钢筋，应由设计者在图中注明。

（2）当板的上部已配置有贯通纵筋，但需增配板支座上部非贯通纵筋时，应结合已配置的同向贯通纵筋的直径与间距采取"隔一布一"方式配置。

"隔一布一"方式，为非贯通纵筋的标注间距与贯通纵筋相同，两者组合后的实际间距为各自标注间距的 1/2。当设定贯通纵筋为纵筋总截面面积的 50% 时，两种钢筋应取相同直径；当设定贯通纵筋大于或小于总截面面积的 50% 时，两种钢筋则取不同直径。

 146. 无梁楼盖板带支座原位标注有哪些方法？

（1）板带支座原位标注的具体内容为：板带支座上部非贯通纵筋。

以一段与板带同向的中粗实线段代表板带支座上部非贯通纵筋；对柱上板带，实线段贯穿柱上区域绘制；对跨中板带，实线段横贯柱网轴线绘制。在线段上注写钢筋编号（如①、②等）、配筋值及在线段的下方注写自支座中线向两侧跨内的伸出长度。

当板带支座非贯通纵筋自支座中线向两侧对称伸出时，其伸出长度可仅在一侧标注；当配置在有悬挑端的边柱上时，该筋伸出到悬挑尽端，设计不注。当支座上部非贯通纵筋呈放射分布时，设计者应注明配筋间距的定位位置。

不同部位的板带支座上部非贯通纵筋相同者，可仅在一个部位注写，其余则在代表非贯通纵筋的线段上注写编号。

（2）当板带上部已经配有贯通纵筋，但需增加配置板带支座上部非贯通纵筋时，应结合已配同贯通纵筋的直径与间距，采取"隔一布一"的方式配置。

 147. 端支座为梁时板上部贯通纵筋长度如何计算？

板上部贯通纵筋两端伸至梁外侧角筋的内侧，再弯直钩 15d；当直锚长度不小

于 l_a 时，可不弯折。具体的计算方法是：

（1）先计算直锚长度。

$$直锚长度＝梁截面宽度－保护层－梁角筋直径$$

（2）若直锚长度 $\geqslant l_a$，则不弯折；否则弯直钩 $15d$。

 148. 端支座为梁时板上部贯通纵筋根数如何计算？

按照《混凝土结构施工图平面整体表示方法制图规则和构造详图（现浇混凝土框架、剪力墙、梁、板）》（11G101-1）图集的规定，第一根贯通纵筋在距梁边为 1/2 板筋间距处开始设置。这样，板上部贯通纵筋的布筋范围就是净跨长度。在这个范围内除以钢筋的间距，所得到的"间隔个数"就是钢筋的根数。

 149. 端支座为剪力墙时板上部贯通纵筋长度如何计算？

板上部贯通纵筋两端伸至剪力墙外侧水平分布筋的内侧，弯锚长度为 l_a。具体的计算方法是：

（1）先计算直锚长度。

$$直锚长度＝墙厚度－保护层－墙身水平分布筋直径$$

（2）再计算弯钩长度。

$$弯钩长度＝l_a－直锚长度$$

 150. 端支座为剪力墙时板上部贯通纵筋根数如何计算？

按照《混凝土结构施工图平面整体表示方法制图规则和构造详图（现浇混凝土框架、剪力墙、梁、板）》（11G101-1）图集的规定，第一根贯通纵筋在距墙边为 1/2 板筋间距处开始设置。这样，板上部贯通纵筋的布筋范围＝净跨长度。在这个范围内除以钢筋的间距，所得到的"间隔个数"就是钢筋的根数。

 151. 板下部贯通纵筋配筋有哪些特点？

（1）横跨一个整跨或几个整跨。

（2）两端伸至支座梁（墙）的中心线，且直锚长度不小于 $5d$。包括下列两种情况之一：

1）伸入支座的直锚长度为 1/2 的梁厚（墙厚），此时已经满足不小于 $5d$。

2）满足直锚长度不小于 $5d$ 的要求，此时直锚长度已经大于 1/2 的梁厚（墙厚）。

152. 端支座为梁时板下部贯通纵筋如何计算?

（1）计算板下部贯通纵筋的长度。

具体的计算方法一般为：

1）先选定直锚长度＝梁宽/2。

2）验算一下此时选定的直锚长度是否不小于 $5d$。如果满足直锚长度不小于 $5d$，则没有问题；如果不满足，则取定 $5d$ 为直锚长度。

（2）计算板下部贯通纵筋的根数。

计算方法和前面介绍的板上部贯通纵筋根数算法是一致的。

 153. 延伸悬挑板的纵向受力钢筋尺寸如何计算?

$$上翻边钢筋的垂直段长度＝上翻高度标注值＋板端厚度－2×保护层$$
$$上端水平段长度\ b_1＝翻边宽度－2×保护层$$
$$下端水平段长度\ b_2＝l_a－（悬挑板端部厚度－保护层）$$

 154. 延伸悬挑板的纵向受力钢筋根数如何计算?

纵向受力钢筋的根数计算，对于悬挑板来说，它的第一根纵筋距板边缘一个保护层开始设置。

155. 延伸悬挑板的横向钢筋尺寸如何计算?

横向钢筋的尺寸计算：
$$横向钢筋的长度＝悬挑板宽度－2×保护层$$

156. 延伸悬挑板的横向钢筋根数如何计算?

在计算横向钢筋的根数时，把跨内部分与悬挑部分水平段长度的横向钢筋分别进行计算。

对于"跨内部分"，它的第一根纵筋距梁边半个板筋间距开始设置。另外，在扣筋的拐角处要布置一根钢筋。对于"悬挑水平段部分"，它的第一根纵筋也是距梁边半个板筋间距开始设置。在扣筋拐角处布置一根钢筋，另外，在上翻钢筋与水平段的交叉点上要布置一根钢筋。此外，还要对"上翻边部分"的根数进行计算，下面以一个实例进行详细讲解。

157. 纯悬挑板上部受力钢筋长度如何计算？

（1）当为直锚情况时：

上部受力钢筋长度＝悬挑板净跨＋max(锚固长度l_a,250)＋

$(h-$保护层$\times2)+$弯钩

（2）当为弯锚情况时：

上部受力钢筋长度＝悬挑板净跨＋(支座宽$-$保护层$+15d$)＋

$(h_1-$保护层$\times2)+15d+$弯钩

注：上面的计算，当为二级钢筋时，均不加弯钩。

158. 纯悬挑板上部受力钢筋根数如何计算？

上部受力钢筋根数：

纯悬挑板上部受力钢筋根数＝(悬挑板长度$l-$保护层$\times2)/$上部受力钢筋间距$+1$

159. 纯悬挑板上部分布筋长度如何计算？

上部分布筋长度：

纯悬挑板上部分布筋长度＝(悬挑板长度$l-$保护层$\times2)+$弯钩$\times2$

160. 纯悬挑板上部分布筋根数如何计算？

上部分布筋根数：

纯悬挑板上部分布筋根数＝(悬挑板净跨$-$保护层$)/$分布筋间距

161. 纯悬挑板下部构造钢筋长度如何计算？

下部构造钢筋长度：

纯悬挑板下部构造钢筋长度＝(悬挑板净跨$-$保护层$)+$max(支座宽$/2$,$12d$)＋

弯钩$\times2$(二级钢筋不加)

162. 纯悬挑板下部构造钢筋根数如何计算？

下部构造钢筋根数：

纯悬挑板下部构造钢筋根数＝(悬挑板长度$l-$保护层$\times2)/$下部构造钢筋间距$+1$

163. 纯悬挑板下部分布筋长度如何计算?

下部分布筋长度:

纯悬挑板下部分布筋长度＝(悬挑板长度 l －保护层×2)＋弯钩×2

 164. 纯悬挑板下部分布筋长度如何计算?

下部分布筋根数:

纯悬挑板下部分布筋根数＝(悬挑板净跨－保护层)/分布筋间距

弯钩长度＝6.25d

 165. 以某一板 LB1 为例，如何计算板上部贯通纵筋工程量?

板 LB1 的集中标注为：LB1　　$h=100$；B：X&Yϕ8@150；T：X&Yϕ8@150。这块板 LB1 的尺寸为 7000mm×6800mm，X 方向的梁宽度为 300mm，Y 方向的梁宽度为 250mm，均为正中轴线。X 方向的 KL1 上部纵筋直径为 25mm，Y 方向的 KL2 上部纵筋直径为 20mm。混凝土强度等级 C25，二级抗震等级。试计算板上部贯通纵筋的工程量。

(1) LB1 板 X 方向上部贯通纵筋的计算。

支座直锚长度＝梁宽－保护层－梁角筋直径＝250－25－20＝205 (mm)

弯钩长度＝l_a－直锚长度＝27d－205＝27×8－205＝15 (mm)

上部贯通纵筋的直段长度＝净跨长＋两端直锚长度＝(7000－250)＋205×2
　　　　　　　　　　　＝7160 (mm)

梁 KL1 角筋中心到混凝土内侧的距离＝25/2＋25＝37.5 (mm)

板上部纵筋布筋范围＝净跨长＋37.5×2＝(6800－300)＋37.5×2＝6575 (mm)

X 方向的上部贯通纵筋的根数＝Ceil(6575/150)＝44 (根)

(2) LB1 板 Y 方向上部贯通纵筋的计算。

支座直锚长度＝梁宽－保护层－梁角筋直径
　　　　　　＝300－25－25＝250(mm)＞27d＝27×8＝216(mm)

因此，上部贯通纵筋在支座的直锚长度就取定为 216mm，不设弯钩。

上部贯通纵筋的直段长度＝净跨长＋两端直锚长度＝(6800－300)＋216×2
　　　　　　　　　　　＝6932 (mm)

梁 KL2 角筋中心到混凝土内侧的距离＝20/2＋25＝35 (mm)

板上部贯通纵筋的布筋范围＝净跨长度＋35×2＝(7000－250)＋35×2
　　　　　　　　　　　＝6820 (mm)

Y方向的上部贯通纵筋根数＝6820/150＝46（根）

 166. 以某一板 LB1 为例，如何计算板下部贯通纵筋工程量？

板 LB1 的集中标注为：LB1　$h＝100$；B：$X \& Y \phi 8 @ 150$；T：$X \& Y \phi 8 @$ 150。这块板 LB1 的尺寸为 7000mm×6800mm，X 方向的梁宽度为 300mm，Y 方向的梁宽度为 250mm，均为正中轴线。X 方向的 KL1 上部纵筋直径为 25mm，Y 方向的 KL2 上部纵筋直径为 20mm。混凝土强度等级 C25，二级抗震等级。试计算板上部贯通纵筋的工程量。

（1）LB1 板 X 方向的下部贯通纵筋的计算。

支座直锚长度＝梁宽/2＝250/2＝125（mm）＞$5d＝5×8＝40$（mm）

梁 KL1 角筋中心到混凝土内侧的距离＝25/2＋25＝37.5（mm）

板下部纵筋布筋范围＝净跨长＋37.5×2＝（6800－300）＋37.5×2＝6575（mm）

X 方向的下部贯通纵筋的根数＝Ceil(6575/150)＝44（根）

（2）LB1 板 Y 方向的下部贯通纵筋的计算。

直锚长度＝梁宽/2＝300/2＝150(mm)＞$5d＝5×8＝40$（mm）

下部贯通纵筋的直线段长度＝净跨长度＋两端直锚长度＝（6800－300）＋150×2
＝6800（mm）

梁 KL2 角筋中心到混凝土内侧的距离＝20/2＋25＝35（mm）

板下部贯通纵筋的布筋范围＝净跨长度＋35×2＝（7000－250）＋35×2＝6820（mm）

Y 方向的下部贯通纵筋根数＝Ceil(6820/150)＝46（根）

 167. 以某一延伸悬挑板为例，如何计算其钢筋工程量？

某一延伸悬挑板上的集中标注为：YXB1　$h＝150/100$ T：$X \phi 8 @ 150$，如图 3-35 所示。试对悬挑板钢筋进行计算。

从图 3-32 中可以得出如下信息：

在这根非贯通纵筋的上方注写为①$\phi 10 @ 100$，跨内下方注写延伸长度为 2500mm，延伸悬挑板的端部翻边 FB1 为上翻边，翻边尺寸标注为 $60 × 300$（表示该翻边的宽度为 60mm，高度为 300mm），这块延伸悬挑板的宽度为 7200mm，悬挑净长度为 1000mm，支座梁宽度为 300mm。

（1）延伸悬挑板的纵向受力钢筋。

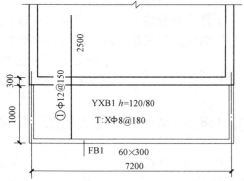

图 3-35　延伸悬挑板平法标注

123

1）纵向受力钢筋的尺寸计算。

这根钢筋的水平长度 L 由三部分构成：跨内延伸长度为 2500mm，算至支座梁的中心线；悬挑的净长度为 1000mm（需要扣减一个保护层）；这两段长度之间还有半个梁的宽度。

所以，钢筋的水平长度 $L=2500+(1000-15)+300/2=3635$（mm）

这根延伸悬挑板纵筋相当于一根扣筋，则：

跨内部分的腿长 $h=$ 板厚-15

悬挑端部的腿长 $h_1=$ 板厚$_1-15$

所以，

跨内部分的扣筋腿长度 $h=150-15=135$（mm）

悬挑部分的扣筋腿长度 $h_1=100-15=85$（mm）

2）翻边钢筋的尺寸计算。

上翻边钢筋的垂直段长度$=$上翻高度标注值$+$板端厚度$-2×$保护层

$$=300+100-2×15=370\ （mm）$$

翻边上端水平段长度 $b_1=$ 翻边宽度$-2×$保护层$=60-2×15=30$（mm）

翻边下端水平段长度 $b_2=l_a-$（悬挑板端部厚度$-$保护层）

$$=l_a-(100-15)=30×12-85=275\ （mm）$$

上翻边钢筋的每根长度$=h_2+b_1+b==370+30+275=675$（mm）

3）纵向受力钢筋的根数计算。

纵向受力钢筋的根数$=$Ceil$[(7200+60-15×2)/100]+1=74$（根）

（2）延伸悬挑板的横向钢筋。

1）横向钢筋的尺寸计算。

横向钢筋的长度$=$悬挑板宽度$-2×$保护层$=7200-2×15=7170$（mm）

2）横向钢筋的根数计算。

跨内部分钢筋根数$=$Ceil$[(2500-300/2-150/2)/150]+1=17$（根）

悬挑水平段部分钢筋根数$=$Ceil$[(1000-150/2-15)/150]+1=8$（根）

上翻边部分的上端和中部钢筋根数是 2 根。所以，

横向钢筋的根数$=$跨内部分钢筋根数$+$悬挑水平段部分钢筋根数$+$

上翻边部分的上端和中部钢筋根数

$$=17+8+2=27\ （根）$$

168. 以某一纯悬挑板为例，如何计算其下部钢筋工程量？

某一纯悬挑板平面图，如图 3-36 所示。挑板净宽为 1400mm，下部构造钢筋间距为 200mm，保护层厚度为 15mm，混凝土强度等级为 C30，非抗震等级，下部钢筋剖面图，如图 3-37 所示。试计算下部的钢筋量。

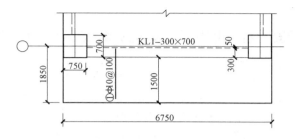

图 3-36　纯悬挑板平面图

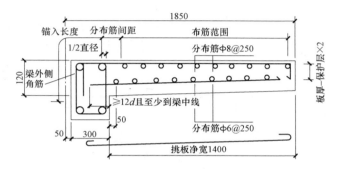

图 3-37　纯悬挑板下部钢筋剖面图

（1）下部构造钢筋长度。

弯钩长度＝6.25d

下部构造钢筋长度＝（悬挑板净跨－保护层）＋max（支座宽/2,12d）＋

弯钩×2（二级钢筋不加）

＝（1400－15）＋max（300/2,12×10）＋6.25×10×2

＝1660（mm）

（2）下部构造钢筋根数。

下部构造钢筋根数＝（悬挑板长度 l －保护层×2－1/2×10×2）/

下部构造钢筋间距＋1

＝（6750－15×2－1/2×10×2）/200＋1

＝35（根）

（3）下部分布筋长度。

纯悬挑板下部分布筋长度＝（悬挑板长度 l －保护层×2）＋弯钩×2

＝（6750－15×2）＋6.25×10×2

＝6845（mm）

（4）下部分布筋根数。

纯悬挑板下部分布筋根数＝（悬挑板净跨－50）/分布筋间距＋1

＝（1400－50）/250＋1＝7（根）

169. 以某混凝土板工程为例，如何计算其钢筋工程量？

（1）某工程抗震等级为三级，板混凝土强度等级 C30，保护层厚度为 15mm，钢筋连接方式为绑扎；梁混凝土强度等级 C30，保护层厚度为 25mm；其余尺寸及钢筋配置如图 3-38 所示，试计算板底钢筋工程量。

底筋计算公式为：底筋长度＝板净跨＋伸入左右支座内长度 $\max(h_c/2,5d)$＋弯钩增加长度；需要注意的是，当底部钢筋为非光圆钢筋时，无弯钩增加长度（如本题中 Y 向底筋）。其计算公式及计算过程如下：

单根板底 X 向钢筋长度＝6600（板 X 向净跨）＋300/2×2（左右支座内长度）＋

$$6.25d×2（左右弯钩增加长度）＝6600＋300＋$$

$$12.5×0.008＝7000（mm）$$

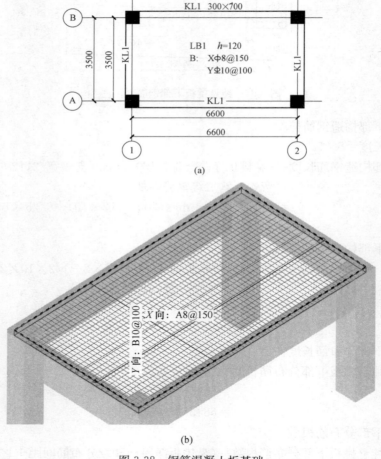

(a)

(b)

图 3-38　钢筋混凝土板基础

（a）板基础平面图；（b）板底钢筋三维图

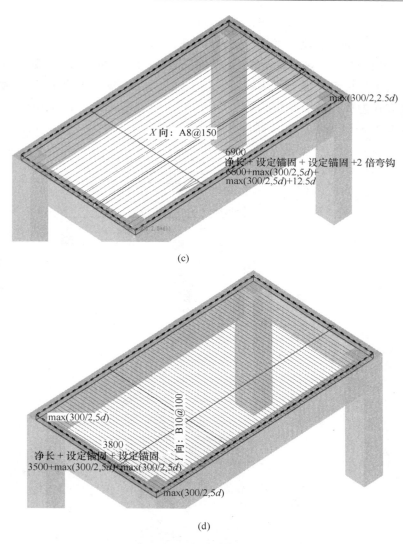

图 3-38 钢筋混凝土板基础

（c）板底 X 向钢筋；（d）板底 Y 向钢筋

板底 X 向钢筋根数＝Ceil[（板 Y 向净跨－2×保护层－50×2）/板筋间距]＋1
　　　　　　＝Ceil[（3500－2×15－100）/150]＋1＝24(根)

板底 X 向钢筋总长度＝7000×24＝168 000 （mm）

板底 X 向钢筋总质量＝总长度×φ8 理论质量＝168×0.395＝66.36kg。

单根板底 Y 向钢筋长度＝3500(板 Y 向净跨)＋300/2×2(左右支座内长度)
　　　　　　＝3500＋300＝3800 （mm）；

板底 Y 向钢筋根数＝Ceil[（板 X 向净跨－2×保护层－50×2）/板筋间距]＋1＝

$$Ceil[(6600-2\times15-100)/100]+1=66(根)$$

板底 Y 向钢筋总长度＝3800×66＝250 800（mm）

板底 Y 向钢筋总质量＝总长度×φ10 理论质量＝250.8×0.617＝154.744（kg）

（2）某工程抗震等级为三级，板混凝土强度等级 C30，保护层厚度为 15mm，钢筋连接方式为绑扎；梁混凝土强度等级 C30，保护层厚度为 25mm；其余尺寸及钢筋配置如图 3-39 所示，试计算板底钢筋工程量。

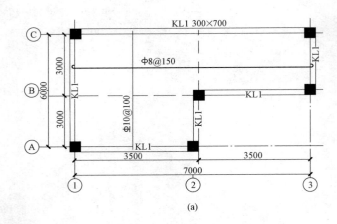

(a)

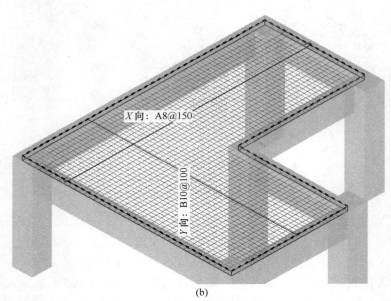

(b)

图 3-39　钢筋混凝土板基础

（a）板基础平面图；（b）板底筋三维图

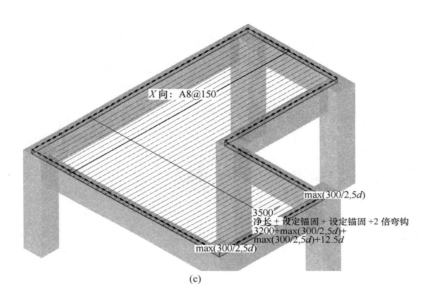

(c)

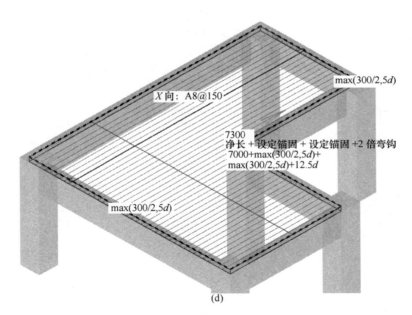

(d)

图 3-39　钢筋混凝土板基础

（c）板底 X 向短钢筋；（d）板底 X 向长钢筋

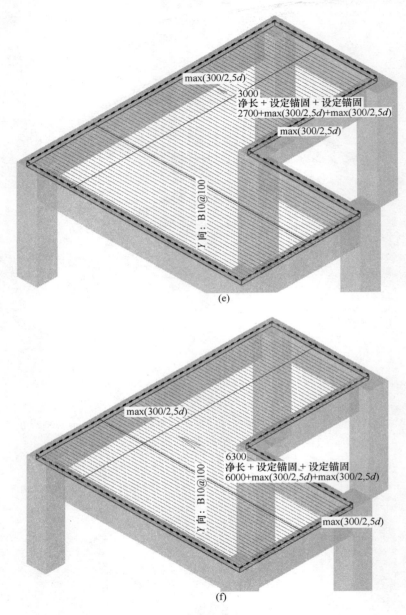

图 3-39　钢筋混凝土板基础

（e）板底 Y 向短钢筋；（f）板底 Y 向长钢筋

单根 X 向较短钢筋长度＝3500（轴线长度）−300（梁宽）＋300/2×

2（左右支座内长度）＋6.25d×2（左右弯钩增加长度）

＝3200＋300＋12.5×8＝3600（mm）

板底 X 向钢筋根数＝Ceil[(板 Y 向轴线长－梁宽－保护层－50×2)/板筋间距]＋1

　　　　　　　＝Ceil[(3500－300－15－100)/150]＋1＝22(根)

板底 X 向钢筋总长度＝3600×22＝79 200(mm)

板底 X 向钢筋总质量＝总长度×φ8 理论质量＝79.2×0.395＝31.284(kg)

单根 X 向较长钢筋长度＝7000(板 X 向净跨)＋300/2×2(左右支座内长度)＋

　　　　　　　6.25d×2(左右弯钩增加长度)＋搭接长度

　　　　　　　＝7000＋300＋12.5×8＝7400(mm)

板底 X 向钢筋根数＝Ceil[(板 Y 向轴线长－梁宽－保护层－50×2)/板筋间距]

　　　　　　　＝Ceil[(3000－300－15－100)/150]＝18(根)

板底 X 向钢筋总长度＝7400×18＝133 200(mm)

板底 X 向钢筋总质量＝总长度×φ8 理论质量＝133.2×0.395＝52.614(kg)

单根 Y 向较短钢筋长度＝3000(轴线长度)－300(梁宽)＋

　　　　　　　300/2×2(左右支座内长度)

　　　　　　　＝2700＋300＝3000(mm)

板底 Y 向钢筋根数＝Ceil(板 X 向轴线长＋梁宽－保护层－50×2)/板筋间距

　　　　　　　＝ Ceil(3800－15－100)/100＋1＝38(根)

板底 Y 向钢筋总长度＝3000×38＝114 000(mm)

板底 Y 向钢筋总质量＝总长度×φ10 理论质量＝114×0.617＝70.338(kg)

单根 Y 向较长钢筋长度＝6000(板 X 长度)＋300/2×2(左右支座内长度)

　　　　　　　＝6000＋300＝6300(mm)

板底 Y 向钢筋根数＝Ceil[(板 X 向净长－保护层－50×2)/板筋间距]＋1

　　　　　　　＝Ceil[(3200－15－100)/100]＋1＝32(根)

板底 Y 向钢筋总长度＝6300×32＝201 600(mm);

板底 Y 向钢筋总质量＝总长度×φ10 理论质量＝201.6×0.617＝124.387(kg)

楼梯钢筋算量

 170. 楼梯有哪些类型？注写有哪些方式？

楼梯类型见表 4-1。

表 4-1   楼 梯 类 型

梯板代号	适用范围		是否参与结构整体抗震计算
	抗震构造措施	适用结构	
AT	无	框架、剪力墙、砌体结构	不参与
BT			
CT	无	框架、剪力墙、砌体结构	不参与
DT			
ET	无	框架、剪力墙、砌体结构	不参与
FT			
CT	无	框架结构	不参与
HT		框架、剪力墙、砌体结构	
ATa	有	框架结构	不参与
ATb			不参与
ATc			参与

注：1. ATa 低端设滑动支座支承在梯梁上；ATb 低端设滑动支座支承在梯梁的挑板上。
    2. ATa、ATb、ATc 均用于抗震设计，设计者应指定楼梯的抗震等级。

楼梯注写：楼梯编号由梯板代号和序号组成，如 AT××、BT××、ATa×× 等。

 171. AT～ET 型板式楼梯具备哪些特征？

AT～ET 型板式楼梯具备以下特征：

（1）AT～ET 型板式楼梯代号代表一段带上下支座的梯板。梯板的主体为踏步段，除踏步段之外，梯板可包括低端平板、高端平板及中位平板。

132

（2）AT～ET 型梯板的截面形状为。

1）AT 型梯板全部由踏步段构成。

2）BT 型梯板由低端平板和踏步段构成。

3）CT 型梯板由踏步段和高端平板构成。

4）DT 型梯板由低端平板、踏步段和高端平板构成。

5）ET 型梯板由低端踏步段、中位平板和高端踏步段构成。

（3）AT～ET 型梯板的两端分别以（低端和高端）梯梁为支座，采用该组板式楼梯的楼梯间内部既要设置楼层梯梁，也要设置层间梯梁（其中 ET 型梯板两端均为楼层梯梁），以及与其相连的楼层平台板和层间平台板。

（4）AT～ET 型梯板的型号、板厚、上下部纵向钢筋及分布钢筋等内容由设计者在平法施工图中注明。梯板上部纵向钢筋向跨内伸出的水平投影长度见相应的标准构造详图，设计不注，但设计者应予以校核；当标准构造详图规定的水平投影长度不满足具体工程要求时，应由设计者另行注明。

 ## 172. FT～HT 型板式楼梯具备哪些特征？

FT～HT 型板式楼梯具备以下特征：

（1）FT～HT 每个代号代表两跑踏步段和连接它们的楼层平板及层间平板。

（2）FT～HT 型梯板的构成分两类：

1）FT 型和 GT 型，由层间平板、踏步段和楼层平板构成。

2）HT 型，由层间平板和踏步段构成。

（3）FT～HT 型梯板的支承方式如下：

1）FT 型：梯板一端的层间平板采用三边支承，另一端的楼层平板也采用三边支承。

2）GT 型：梯板一端的层间平板采用单边支承，另一端的楼层平板采用三边支承。

3）HT 型：梯板一端的层间平板采用三边支承，另一端的梯板段采用单边支承（在梯梁上）。

FT～HT 型梯板的支承方式见表 4-2。

表 4-2　　　　　　　　　　　　FT～HT 型梯板支承方式

梯板类型	层间平板端	踏步段端（楼层处）	楼层平板端
FT	三边支承	—	三边支承
GT	单边支承	—	三边支承
HT	三边支承	单边支承（梯梁上）	—

注：由于 FT～HT 型梯板本身带有层间平板或楼层平板，对平板段采用三边支承方式可以有效减少梯板的计算跨度，能够减少板厚，从而减轻梯板自重和减少配筋。

（4）FT～HT 型梯板的型号、板厚、上下部纵向钢筋及分布钢筋等内容由设计者在平法施工图中注明。FT～HT 型平台上部横向钢筋及其外伸长度，在平面图中原位标注。梯板上部纵向钢筋向跨内伸出的水平投影长度见相应的标准构造详图，设计不注，但设计者应予以校核；当标准构造详图规定的水平投影长度不满足具体工程要求时，应由设计者另行注明。

 ## 173. ATa～ATb 型板式楼梯具备哪些特征？

ATa、ATb 型板式楼梯具备以下特征：

（1）ATa、ATb 型为带滑动支座的板式楼梯，梯板全部由踏步段构成，其支承方式为梯板高端均支承在梯梁上，ATa 型梯板低端带滑动支座支承在梯梁上，ATb 型梯板低端带滑动支座支承在梯梁的挑板上。

（2）滑动支座采用何种做法应由设计指定。滑动支座垫板可选用聚四氟乙烯板（四氟板），也可选用其他能起到有效滑动的材料，其连接方式由设计者另行处理。

（3）ATa、ATb 型梯板采用双层双向配筋。梯梁支承在梯柱上时，其构造做法按《混凝土结构施工图平面整体表示方法制图规则和构造详图（现浇混凝土框架、剪力墙、梁、板）》（11G101-1）中框架梁 KL；支承在梁上时，其构造做法按《混凝土结构施工图平面整体表示方法制图规则和构造详图（现浇混凝土框架、剪力墙、梁、板）》（11G1011）中非框架梁 L。

 ## 174. ATc 型板式楼梯具备哪些特征？

（1）ATc 型梯板全部由踏步段构成，其支承方式为梯板两端均支承在梯梁上。

（2）ATc 楼梯休息平台与主体结构可整体连接，也可脱开连接。

（3）ATc 型楼梯梯板厚度应按计算确定，且不宜小于 140mm，梯板采用双层配筋。

（4）ATc 型梯板两侧设置边缘构件（暗梁），边缘构件的宽度取 1.5 倍板厚；边缘构件纵筋数量，当抗震等级为一、二级时不少于 6 根，当抗震等级为三、四级时不少于 4 根；纵筋直径为 φ12mm 且不小于梯板纵向受力钢筋的直径；箍筋为 φ6@200。

梯梁按双向受弯构件计算，当支承在梯柱上时，其构造做法按《混凝土结构施工图平面整体表示方法制图规则和构造详图（现浇混凝土框架、剪力墙、梁、板）》（11G101-1）中框架梁 KL；当支承在梁上时，其构造做法按《混凝土结构施工图平面整体表示方法制图规则和构造详图（现浇混凝土框架、剪力墙、梁、板）》（11G101-1）中非框架梁 L。

平台板按双层双向配筋。

175. 楼梯平面注写有哪些方式?

平面注写方式,是在楼梯平面布置图上注写截面尺寸和配筋具体数值来表达楼梯施工图的方式。包括集中标注和外围标注。

 176. 楼梯集中标注有哪些内容?

楼梯集中标注的内容有五项,具体规定如下:

(1) 梯板类型代号与序号,如 AT××。

(2) 梯板厚度,注写为 $h=×××$。当为带平板的梯板且梯段板厚度和平板厚度不同时,可在梯段板厚度后面括号内以字母 P 打头注写平板厚度。

例如:$h=130$ (P150),130 表示梯段板厚度,150 表示梯板平板段的厚度。

(3) 踏步段总高度和踏步级数,之间以"/"分隔。

(4) 梯板支座上部纵筋和下部纵筋,之间以";"分隔。

(5) 梯板分布筋,以 F 打头注写分布钢筋具体值,该项也可在图中统一说明。

平面图中梯板类型及配筋的完整标注如下所示(AT 型):

AT1,$h=120$ 梯板类型及编号,梯板板厚

1800/12 踏步段总高度/踏步级数

$\Phi10@200$;$\Phi12@150$ 上部纵筋;下部纵筋

Fϕ8@250 梯板分布筋(可统一说明)

 177. 楼梯外围标注有哪些内容?

楼梯外围标注的内容,包括楼梯间的平面尺寸、楼层结构标高、层间结构标高、楼梯的上下方向、梯板的平面几何尺寸、平台板配筋、梯梁及梯柱配筋等。

 178. AT~HT、ATa、ATb、ATc 型楼梯有哪些适用条件?

AT~HT、ATa、ATb、ATc 型楼梯适用条件如下:

(1) AT 型楼梯的适用条件为:两梯梁之间的矩形梯板全部由踏步段构成,即踏步段两端均以梯梁为支座。凡是满足该条件的楼梯均可为 AT 型。

(2) BT 型楼梯的适用条件为:两梯梁之间的矩形梯板由低端平板和踏步段构成,两部分的一端各自以梯梁为支座。凡是满足该条件的楼梯均可为 BT 型。

(3) CT 型楼梯的适用条件为:两梯梁之间的矩形梯板由踏步段和高端平板构

成，两部分的一端各自以梯梁为支座。凡是满足该条件的楼梯均可为 CT 型。

（4）DT 型楼梯的适用条件为：两梯梁之间的矩形梯板由低端平板、踏步段和高端平板构成，高、低端平板的一端各自以梯梁为支座。凡是满足该条件的楼梯均可为 DT 型。

（5）ET 型楼梯的适用条件为：两梯梁之间的矩形梯板由低端踏步段、中位平板和高端踏步段构成，高、低端踏步段的一端各自以梯梁为支座。凡是满足该条件的楼梯均可为 ET 型。

（6）FT 型楼梯的适用条件为：矩形楼梯板由楼层板、两跑踏步段与层间平板三部分构成，楼梯间内不设置梯梁；墙体位于平板外侧。楼层平板及层间平板均采用三边支承，另一边与踏步段相连。同一楼层内各踏步段的水平长相等，高度相等（即等分楼层高度）。凡是满足以上条件的可为 FT 型。

（7）GT 型楼梯的适用条件为：楼梯间内不设置梯梁，矩形梯板由楼层平板、两跑踏步段与层间平板三部分构成。楼层平板采用三边支承，另一边与踏步段的一端相连；层间平板采用单边支承，对边与踏步段的另一端相连，另外两相对侧边为自由边。同一楼层内各踏步段的水平长度相等，高度相等（即等分楼层高度）。凡是满足以上条件的均可为 GT 型。

（8）HT 型楼梯的适用条件为：楼梯间设置楼层梯梁，但不设置层间梯梁；矩形梯板由两跑踏步段与层间平台板两部分构成。层间平台板采用三边支承，另一边与踏步段的一端相连，踏步段的另一端以楼层梯梁为支座。同一楼层内各踏步段的水平长度相等，高度相等（即等分楼层高度）。凡是满足以上条件的可为 HT 型。

（9）ATa 型楼梯的适用条件为：两梯梁之间的矩形梯板由踏步段构成，即踏步段两端均以梯梁为支座，且梯板低端支承处做成滑动支座，滑动支座直接落在梯梁上。框架结构中，楼梯中间平台通常设梯柱、梁，中间平台可与框架柱连接。

（10）ATb 型楼梯的适用条件为：两梯梁之间的矩形梯板全部由踏步段构成，即踏步段两端均以梯梁为支座，且梯板低端支承处做成滑动支座，滑动支座直接落在梯梁上。框架结构中，楼梯中间平台通常设梯柱、梁，中间平台可与框架柱连接。

（11）ATc 型楼梯的适用条件为：两梯梁之间的矩形梯板全部由踏步段构成，即踏步段两端均以梯梁为支座。框架结构中，楼梯中间平台通常设梯柱、梯梁，中间平台可与框架柱连接（2 个梯柱形式）或脱开（4 个梯柱形式）。

 ## 179. 楼梯剖面注写有哪些方式？

剖面注写方式需在楼梯平法施工图中绘制楼梯平面布置图和楼梯剖面图，注写方式分平面注写、剖面注写两部分。

 ### 180. 楼梯平面布置图注写有哪些内容?

楼梯平面布置图注写内容,包括楼梯间的平面尺寸、楼层结构标高、层间结构标高、楼梯的上下方向、梯板的平面几何尺寸、梯板类型及编号、平台板配筋、梯梁及梯柱配筋等。

 ### 181. 楼梯剖面图注写有哪些内容?

楼梯剖面图注写内容,包括梯板集中标注、梯梁梯柱编号、梯板水平及竖向尺寸、楼层结构标高、层间结构标高等。

 ### 182. 梯板集中标注有哪些规定?

梯板集中标注的内容有四项,具体规定如下:

(1)梯板类型及编号,如 AT××。

(2)梯板厚度,注写为 $h=×××$。当梯板由踏步段和平板构成,且踏步段梯板厚度和平板厚度不同时,可在梯板厚度后面括号内以字母 P 打头注写平板厚度。

(3)梯板配筋。注明梯板上部纵筋和梯板下部纵筋,用";"将上部与下部纵筋的配筋值分隔开来。

(4)梯板分布筋,以 F 打头注写分布钢筋具体值,该项也可在图中统一说明。

183. 楼梯列表注写有哪些方式?

(1)列表注写方式,是用列表方式注写梯板截面尺寸和配筋具体数值来表达楼梯施工图的方式。

(2)列表注写方式的具体要求同剖面注写方式。

梯板列表格式见表 4-3。

表 4-3 梯板几何尺寸和配筋

梯板编号	踏步段总高度/踏步级数	板厚 h	上部纵向钢筋	下部纵向钢筋	分布筋

184. AT 型楼梯板有哪些基本尺寸数据?

AT 型板式楼梯平面图如图 4-1 所示。

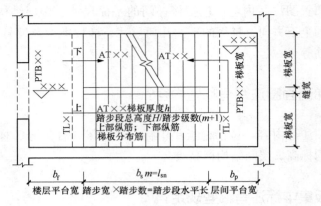

图 4-1　AT 型板式楼梯平面图

AT 楼梯板的基本尺寸数据:梯板净跨度 l_n、梯板净宽度 b_n、梯板厚度 h、踏步宽度 b_s、踏步总高度 H_s 和踏步高度 h_s。

 185. AT 楼梯板钢筋计算中用到哪些系数?

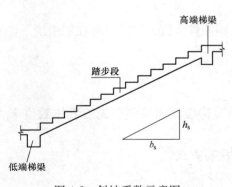

图 4-2　斜坡系数示意图

楼梯板钢筋计算中可能用到的系数是斜坡系数 k。

在钢筋计算中,经常需要通过水平投影长度计算斜长:

斜长＝水平投影长度×k

其中,斜坡系数 k 可以通过踏步宽度和踏步高度来进行计算,如图 4-2 所示。

斜坡系数 $k = \sqrt{b_s^2 + h_s^2}/b_s$

 186. AT 楼梯板纵向受力钢筋如何计算?

下面根据 AT 楼梯板钢筋构造图(见图 4-3)来分析 AT 楼梯板钢筋计算过程。

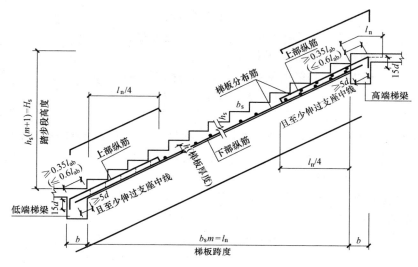

图 4-3　AT 型楼梯板配筋构造

（1）梯板下部纵筋。

梯板下部纵筋位于 AT 踏步段斜板的下部，其计算依据为梯板净跨度 l_n 梯板下部纵筋两端分别锚入高端梯梁和低端梯梁。其锚固长度为满足不小于 $5d$ 且至少伸过支座中线。

在具体计算中，可以取锚固长度 $a = \max(5d, b/2)$，其中 b 为支座宽度。

根据上述分析，梯板下部纵筋的计算过程为：

1）下部纵筋及分布筋长度的计算：

$$梯板下部纵筋的长度\ l = l_n k + 2a$$

其中，$a = \max(5d, b/2)$。

$$分布筋的长度 = b_n - 2 \times 保护层厚度$$

2）下部纵筋及分布筋根数的计算：

$$梯板下部纵筋根数 = (b_n - 2 \times 保护层厚度)/间距 + 1$$

$$分布筋根数 = (l_n k - 50 \times 2)/间距 + 1$$

（2）梯板低端扣筋。

梯板低端扣筋位于踏步段斜板的低端，扣筋的一端扣在踏步段斜板上，直钩长度为 h_1。扣筋的另一端伸至低端梯梁对边再向下弯折 $15d$，弯锚水平段长度不小于 $0.35l_{ab}$（不大于 $0.6l_{ab}$）。扣筋的延伸长度水平投影长度为 $l_n/4$。

根据上述分析，梯板低端扣筋的计算过程为：

1）低端扣筋及分布筋长度的计算：

$$l_1 = [l_n/4 + (b - 保护层厚度)] \times k$$

$$l_2 = 15d$$

$$h_1 = h - 保护层厚度$$
$$分布筋 = b_n - 2 \times 保护层厚度$$

2）低端扣筋及分布筋根数的计算：

$$梯板低端扣筋的根数 = (b_n - 2 \times 保护层厚度)/间距 + 1$$
$$分布筋根数 = (l_n/4 \times k)/间距 + 1$$

（3）梯板高端扣筋。

梯板高端扣筋位于踏步段斜板的高端，扣筋的一端扣在踏步段斜板上，直钩长度为 h_1，扣筋的另一端锚入高端梯梁内，锚入直段长度不小于 $0.4l_a$，直钩长度 l_2 为 $15d$。扣筋的延伸长度水平投影长度为 $l_n/4$。

根据上述分析，梯板高端扣筋的计算过程为：

1）高端扣筋及分布筋长度的计算：

$$h_1 = h - 保护层厚度$$
$$l_1 = [l_n/4 + (b - 保护层厚度)] \times 斜坡系数 k$$
$$l_2 = 15d$$
$$分布筋 = b_n - 2 \times 保护层厚度$$

2）高端扣筋以及分布筋根数的计算：

$$梯板高端扣筋的根数 = (b_n - 2 \times 保护层厚度)/间距 + 1$$
$$分布筋的根数 = (l_n/4 \times k)/间距 + 1$$

注：梯板扣筋弯锚水平段"$\geqslant 0.35l_{ab}$（$\geqslant 0.6l_{ab}$）"为验算"弯锚水平段（$b -$保护层厚度）$\times k$"的条件。

 187. ATc 型楼梯板有哪些基本尺寸数据？

ATc 型板式楼梯平面图如图 4-4 和图 4-5 所示。

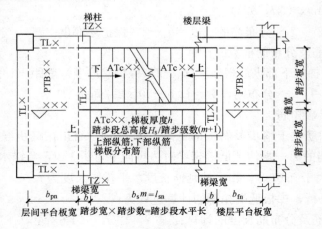

图 4-4　ATc 型板式楼梯平面图（整体连接构造）

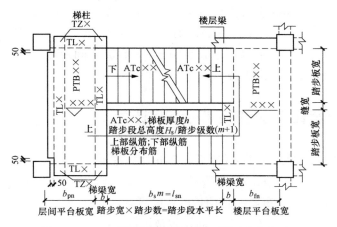

图 4-5　ATc 型板式楼梯平面图（脱开连接构造）

ATc 楼梯板的基本尺寸数据：梯板净跨度 l_n、梯板净宽度 b_n、梯板厚度 h、踏步宽度 b_s、踏步总高度 H_s 和踏步高度 H_s。

 ## 188. ATc 楼梯板钢筋计算中用到哪些系数？

楼梯板钢筋计算中用到的斜坡系数 k，计算方法同 AT 型楼梯。

 ## 189. ATc 楼梯板下部、上部纵筋工程量如何计算？

楼梯板钢筋构造图如图 4-6 所示，分析 ATc 楼梯板下部、上部纵筋计算过程。

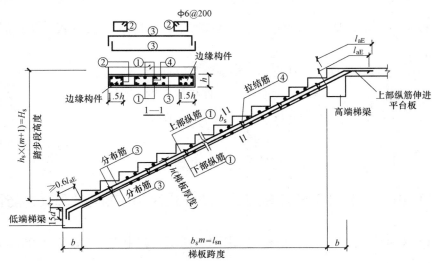

图 4-6　ATc 楼梯板钢筋构造

下部纵筋长度 $l=15d+(b-保护层+l_{sn})k+l_{aE}$

下部纵筋范围 $=b_n-2\times1.5h$

下部纵筋根数 $=(b_n-2\times1.5h)/间距$

上部纵筋的计算方式同下部纵筋。

 190. ATc 楼梯板分部筋工程量如何计算?

如图 4-6 所示,分析 ATc 楼梯板分部筋计算过程。

分布筋的水平段长度 $=b_n-2\times保护层厚度$

分布筋的直钩长度 $=h-2\times保护层厚度$

分布筋设置范围 $=l_{sn}k$

分布筋根数 $=l_{sn}k/间距$

 191. ATc 楼梯板拉结筋工程量如何计算?

梯板拉结筋 (即④号钢筋),如图 4-6 所示,分析 ATc 楼梯板拉结筋计算过程。

拉结筋长度 $=h-2\times保护层厚度+2\times拉筋直径$

拉结筋根数 $=l_{sn}k/间距$

 192. ATc 楼梯板暗梁箍筋工程量如何计算?

梯板暗梁箍筋 (即②号钢筋),如图 4-6 所示,分析 ATc 楼梯板暗梁箍筋计算过程。

由 ATc 型板式楼梯的特征可知,梯板暗梁箍筋为Φ6@200。

箍筋宽度 $=1.5h-保护层厚度-2d$

箍筋高度 $=h-2\times保护层厚度-2d$

箍筋分布范围 $=l_{sn}k$

箍筋根数 $=l_{sn}k/间距$

193. 以 AT3 楼梯平面注写方式一般模式为例,如何计算其钢筋?

AT3 楼梯平面注写方式一般模式如图 4-7 所示。其中支座宽度 $b=200mm$,保护层厚度为 15mm。

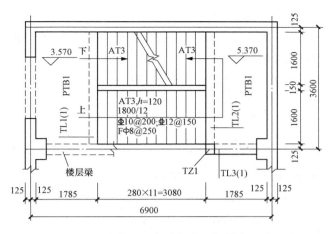

图 4-7　AT3 楼梯平面注写方式一般模式（平面图）

（1）AT3 楼梯板的基本尺寸数据（图 4-4 给出的具体标注数据）。

梯板净跨度 l_n＝3080mm

梯板净宽度 b_n＝1600mm

梯板厚度 h＝120mm

踏步宽度 b_s＝280mm

踏步总高度 H_s＝1800mm

踏步高度 h_s＝1800/12＝150（mm）

楼层平板和层间平板长度＝1600×2＋150＝3350（mm）

（2）斜坡系数 k 的计算。

斜坡系数 $k=\sqrt{b_s^2+h_s^2}/b_s=$ sqrt(280×280＋150×150)/280＝1.134

（3）楼梯下部纵筋的计算。

下部纵筋以及分布筋长度的计算：

a＝max(5d,b/2)＝max(5×12,200/2)＝100（mm）

梯板下部纵筋长度 $l=l_nk+2a$＝3080×1.134＋2×100＝3692.72（mm）

分布筋的长度＝b_n－2×保护层厚度＝1600－2×15＝1570（mm）

梯板下部纵筋根数＝(b_n－2×保护层厚度)/间距＋1

＝Ceil[(1600－2×15)/150]＋1＝12(根)

分布筋根数＝(l_{nk}－50×2)/间距＋1＝Ceil[(3080×1.134－100)/250]＋1＝15(根)

（4）梯板低端扣筋的计算。

l_1＝[l_n/4＋(b－保护层厚度)]×k＝(3080/4＋200－15)×1.134＝1082.97（mm）

l_2＝15d＝15×10＝150（mm）

h_1＝h－保护层厚度＝120－15＝105（mm）

梯板低端扣筋的根数＝(b_n－2×保护层厚度)/间距＋1

143

$$=\text{Ceil}[(1600-2\times15)/200]+1=9（根）$$

分布筋根数$=(l_n/4\times k)/$间距$+1=\text{Ceil}[(3080/4\times1.134)/250]+1=5（根）$

（5）梯板高端扣筋的计算。

$$h_1=h-保护层厚度=120-15=105 （mm）$$

$$l_1=[l_n/4+(b-保护层厚度)]\times k=(3080/4+200-15)\times1.134$$
$$=1082.97 （mm）$$

$$l_2=15d=15\times10=150 （mm）$$

分布筋$=b_n-2\times$保护层厚度$=1600-2\times15=1570 （mm）$

梯板高端扣筋的根数$=(b_n-2\times$保护层厚度$)/$间距$+1$
$$=\text{Ceil}[(1600-2\times15)/200]+1=9（根）$$

分布筋根数$=(l_n/4\times k)/$间距$+1=\text{Ceil}[(3080/4\times1.134)/250]+1=5（根）$

注：上面只计算了一跑 AT3 的钢筋，一个楼梯间有两跑 AT3，就把上述的钢筋数量乘以 2。

 194. 以 ATc3 楼梯平面注写方式一般模式为例，如何计算其钢筋？

ATc3 平面注写方式一般模式如图 4-8 所示。混凝土强度为 C30，抗震等级为一级，梯梁宽度 $b=200$mm。

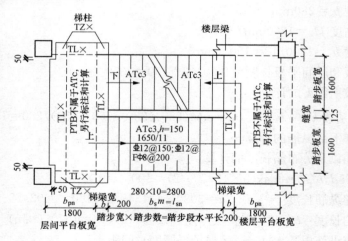

图 4-8　ATc3 平面注写方式一般模式（平面图）

（1）ATc3 楼梯板的基本尺寸数据。（图 4-8 给出具体的标注数据）

梯板净跨度 $l_n=2800$mm

梯板净宽度 $b_n=1600$mm

梯板厚度 $h=120$mm

踏步宽度 $b_s=280$mm

踏步总高度 $H_s=1650$mm

踏步高度 $h_s = 1650/11 = 150$ （mm）

（2）斜坡系数 k 的计算。

斜坡系数 $k = \mathrm{sqrt}(b_s b_s + h_s h_s)/b = \mathrm{sqrt}(280 \times 280 + 150 \times 150)/280$
$= 1.134$

（3）ATc 楼梯板下部纵筋和上部纵筋。

下部纵筋长度 $l = 15d + (b - 保护层 + l_{sn}) \times k + l_{aE}$
$= 15 \times 12 + (200 - 15 + 2800) \times 1.134 + 40 \times 12$
$= 4045$ （mm）

下部纵筋范围 $= b_n - 2 \times 1.5h = 1600 - 2 \times 1.5 \times 150 = 1150$ （mm）

下部纵筋根数 $= \mathrm{Ceil}[(b_n - 2 \times 1.5h)/间距] = \mathrm{Ceil}(1150/150) = 8$（根）

上部纵筋的计算方式同下部纵筋。

（4）梯板分布筋。

分布筋的水平段长度 $= b_n - 2 \times 保护层厚度 = 1600 - 2 \times 15 = 1570$ （mm）

分布筋的直钩长度 $= h - 2 \times 保护层厚度 = 150 - 2 \times 15 = 120$ （mm）

分布筋每根长度 $= 1570 + 2 \times 120 = 1790$ （mm）

分布筋设置范围 $= l_{sn}k = 2800 \times 1.134 = 3175$ （mm）

上部纵筋分布筋根数 $= \mathrm{Ceil}(l_{sn}k/间距) = \mathrm{Ceil}(3175/200) = 16$ （根）

上下纵筋的分布筋总数 $= 2 \times 16 = 32$ （根）

（5）④号钢筋。

由《混凝土结构施工图平面整体表示方法制图规则和构造详图（现浇混凝土板式楼梯）》（11G101-2）第 44 页的注 4 可知，梯板拉结筋 6，间距为 600mm。

拉结筋长度 $= h - 2 \times 保护层厚度 + 2 \times 拉筋直径$
$= 150 - 2 \times 15 + 2 \times 6 = 132$ （mm）

拉结筋根数 $= l_{sn}k/间距 = \mathrm{Ceil}(3175/600) = 6$ （根）

拉结筋总根数 $= 8 \times 6 = 48$ （根）

（6）②号钢筋。

箍筋宽度 $= 1.5h - 保护层厚度 - 2d = 1.5 \times 150 - 15 - 2 \times 6 = 198$ （mm）

箍筋高度 $= h - 2 \times 保护层厚度 - 2d = 150 - 2 \times 15 - 2 \times 6 = 108$ （mm）

箍筋每根长度 $= (198 + 108) \times 2 + 26 \times 6 = 768$ （mm）

箍筋分布范围 $= l_{sn}k = 2800 \times 1.134 = 3175$ （mm）

箍筋根数 $= l_{sn}k/间距 = \mathrm{Ceil}(3175/200) = 16$ （根）

两道暗梁的箍筋根数 $= 2 \times 16 = 32$ （根）

第五章

钢筋施工算量

 195. 钢筋冷拉的基本原理是什么?

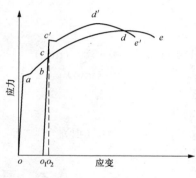

图 5-1　普通钢筋的拉伸
应力-应变曲线

普通热轧钢筋的拉伸应力-应变曲线如图 5-1 所示。图中,$oabde$ 是其拉伸特征曲线。

在常温下冷拉钢筋,使拉应力超过屈服点 a,钢筋由弹性阶段,经过流幅,进入强化阶段,达到 c 点,然后卸载。由于钢筋产生了塑性变形,曲线沿着 co_1 下降至 o_1 点,co_1 与 oa 平行,oo_1 为塑性变形。如立即重新加载,这时应力-应变曲线则沿 o_1cde 变化,此时钢筋的屈服点上升至 c 点,明显高于原来的屈服点 a。

冷拉到强化阶段再卸载,这种提高钢筋的屈服强度的方法称为"冷作硬化"。其基本原理是:在进行冷拉的过程中,钢筋内部结晶面产生滑移,晶格发生变化,内部组织改变,因而屈服强度提高,但塑性降低。

为确保施工安全,冷拉钢筋时应缓缓拉伸、慢慢放松,并要防止出现斜拉,正对钢筋的两端不允许站人,在冷拉钢筋时不允许人员跨越钢筋。

一段时间后再次对钢筋进行拉伸,钢筋的拉伸特征曲线变化为 $o_1c'd'e'$,其屈服点为 c',c' 在 c 点的上方,屈服点又一次提高,这种现象称为"冷拉时效"。

新屈服点 c' 并非保持不变,而是随时间的延长而有所提高。它的原因是冷拉后的钢筋有内应力存在,内应力会促进钢筋内的晶体组织调整,使屈服强度进一步提高。这个晶体组织调整的过程称为"时效",钢筋的"时效"又分为"自然时效"和"人工时效"两种。

"冷作硬化"和"冷拉时效"的结果是由于热轧钢筋的强度标准值是根据其屈服强度确定的,所以它的强度标准值得到提高,强度设计值也得到提高,但其塑性有所降低。

对于 HPB300 级、HRB335 级和 HRB400 级钢筋,在常温下一般要经过 15～20d 才能完成"冷拉时效";如果在 100℃条件下,只需要 2h 就可以完成"冷拉时效"。

为了加速时效过程，必要时可利用蒸汽或电热对冷拉后的钢筋进行人工时效，尤其是对 HRB400 级冷拉钢筋，在自然时效难以达到时效效果的情况下，宜采用人工时效。将钢筋加热到 150～200℃，经过 5～20min，即可完成时效过程。

在进行人工时效的过程中，加热温度不宜过高，否则会得到相反的结果。如加热至 450℃时，冷拉钢筋的强度反而会有所降低，塑性却有所增加；当加热至 700℃时，冷拉钢筋会恢复到冷拉前的力学性能。因此，用作预应力的钢筋如需要焊接时，应在焊接后进行冷拉，以免因焊接产生高温使冷拉后的钢筋强度降低。

 196. 卷扬机式钢筋冷拉机由哪些部件组成？

卷扬机式钢筋冷拉机主要由卷扬机、滑轮组、导向滑轮、钢筋夹具、槽式台座、测力装置、液压千斤顶、冷拉小车等组成，如图 5-2 所示。

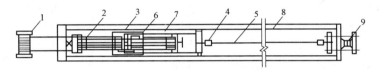

图 5-2　卷扬机式钢筋冷拉机组成示意图

1—卷扬机；2—滑轮组；3—冷拉小车；4—钢筋夹具；5—钢筋；
6—回程滑轮组；7—传力架；8—槽式台座；9—液压千斤顶

 197. 卷扬机式钢筋冷拉机有哪些性能？

卷扬机式钢筋冷拉机的主要技术性能有：卷扬机型号规格、滑轮直径及门数、钢丝绳直径、卷扬机速度、测力器形式和冷拉钢筋直径等。

卷扬机式钢筋冷拉机的具体技术性能指标见表 5-1。

表 5-1　　　　　　　　卷扬机式钢筋冷拉机的主要技术性能

项目	粗钢筋冷拉	细钢筋冷拉	项目	粗钢筋冷拉	细钢筋冷拉
卷扬机型号规格	JJM-5（5t 慢速）	JJM-3（3t 慢速）	钢丝绳直径/mm	24.0	15.5
滑轮直径及门数	计算确定	计算确定	测力器形式	千斤器形式测力器	千斤顶式测力器
卷扬机速度/（m/min）	小于 10	小于 10	冷拉钢筋直径/mm	12～36	6～12

 198. 卷扬机式钢筋冷拉机的拉力如何计算？

卷扬机的拉力 Q 可按下式进行计算：

$$Q = Tm\eta - F$$

式中　Q——卷扬机冷拉设备的拉力（kN）；

　　　T——卷扬机的牵引力（kN）；

　　　m——滑轮组的工作线数；

　　　η——滑轮组的总效率，见表 5-2；

　　　F——设备阻力，由冷拉小车与地面摩擦力及回程装置阻力组成，一般可取 5～10kN。

表 5-2　　　　　　　　　　　　　　　滑轮组的总效率

滑轮组数	3	4	5	6	7	8
工作线数	7	9	11	13	15	17
总效率	0.88	0.85	0.83	0.80	0.77	0.74

为确保拉力满足施工需要，设备拉力 Q 应不小于钢筋冷拉时所需最大拉力 $N = \sigma_{CS} A_s$ 的 1.2～1.5 倍。

199. 卷扬机式钢筋冷拉机的冷拉速度如何计算？

钢筋冷拉的速度 v 可按下式进行计算：

$$v = \pi D n / m$$

式中　v——钢筋冷拉的速度（m/min）；

　　　D——卷扬机卷筒直径（m）；

　　　n——卷扬机的转速（r/min）；

　　　m——滑轮组的工作线数。

钢筋冷拉的速度一般以 1.0m/min 为宜。

200. 纵向受拉钢筋绑扎搭接接头的搭接长度如何计算？

纵向受拉钢筋绑扎搭接接头的搭接长度，应根据位于同一连接区段内的钢筋搭接接头面积百分率按下列公式计算，且不应小于 300mm。

$$l_l = \zeta_l l_a$$

抗震绑扎搭接长度的计算公式为：

$$l_{lE} = \zeta_l l_{aE}$$

式中　l_a——受拉钢筋的锚固长度（mm）；

　　　l_l——纵向受拉钢筋的搭接长度（mm）；

　　　l_{lE}——纵向抗震受拉钢筋的搭接长度（mm）；

　　　ζ_l——纵向受拉钢筋搭接长度的修正系数，按本书第一章中的表 1-9 取用；

当纵向搭接钢筋接头面积百分率为表的中间值时，修正系数可按内插取值；

l_{aE}——抗震锚固长度（mm）。

201. 同一构件中相邻纵向受力钢筋的接头如何绑扎搭接?

钢筋绑扎搭接接头连接区段的长度为 1.3 倍搭接长度，凡搭接接头中点位于该连接区段长度内的搭接接头均属于同一连接区段（见图 5-3）。同一连接区段内纵向受力钢筋搭接接头面积百分率为该区段内有搭接接头的纵向受力钢筋与全部纵向受力钢筋截面面积的比值。当直径不同的钢筋搭接时，按直径较小的钢筋计算。

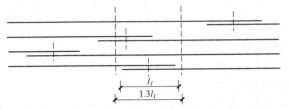

图 5-3　同一连接区段内纵向受拉钢筋的绑扎搭接接头
注：图中所示同一连接区段内的搭接接头钢筋为两根，当钢筋直径相同时，钢筋搭接接头面积百分率为 50%。

位于同一连接区段内的受拉钢筋搭接接头面积百分率：对梁类、板类及墙类构件，不宜大于 25%；对柱类构件，不宜大于 50%。当工程中确有必要增大受拉钢筋搭接接头面积百分率时，对梁类构件，不宜大于 50%；对板、墙、柱及预制构件的拼接处，可根据实际情况放宽。

并筋采用绑扎搭接连接时，应按每根单筋错开搭接的方式连接。接头面积百分率应按同一连接区段内所有的单根钢筋计算。并筋中钢筋的搭接长度应按单筋分别计算。

202. 纵向受压钢筋搭接长度是多少?

构件中的纵向受压钢筋当采用搭接连接时，其受压搭接长度不应小于纵向受拉钢筋搭接长度的 70%，且不应小于 200mm。

203. 钢筋锚固长度如何计算?

钢筋锚固长度计算，取决于钢筋强度及混凝土抗拉强度，并与钢筋外形有关。当计算中充分利用钢筋的抗拉强度时，受拉钢筋的锚固长度可按下式计算：

$$l_a = \alpha \frac{f_y}{f_t} d$$

式中　l_a——受拉钢筋的锚固长度（mm）；

f_t——混凝土轴心抗拉强度设计值（N/mm²），当混凝土强度等级高于 C40

时，按 C40 取值；

f_y——普通钢筋的抗拉强度设计值（N/mm²）；

d——钢筋的公称直径（mm）；

α——钢筋的外形系数，光圆钢筋为 0.16，带肋钢筋为 0.14，刻痕钢丝为 0.19，螺旋肋钢丝为 0.13。

锚固强度与混凝土抗拉强度成正比关系，所以混凝土等级越高，钢筋的锚固强度越大，所需的锚固长度就越小。

上式使用时，尚应将计算的基本锚固长度按以下锚固条件进行修正：

（1）当 HRB335、HRB400 和 RRB400 级钢筋直径大于 25mm 时，其锚固长度应乘以修正系数 1.1。

（2）当钢筋在混凝土施工过程中易受扰动（如滑模施工）时，其锚固长度应乘以修正系数 1.1。

（3）当 HRB335、HRB400 和 RRB 级钢筋在锚固区的混凝土保护层厚度大于钢筋直径的 3 倍且配有箍筋时，其锚固长度可乘以修正系数 0.8。

204. 钢筋等强度代换如何计算？

当结构构件按强度控制时，可按强度相等的方法进行代换，即代换后钢筋的钢筋抗力不小于施工图纸上原设计配筋的钢筋抗力，即

$$A_{s1} f_{y1} \leqslant A_{s2} f_{y2} \text{ 或 } n_1 d_1^2 f_{y1} \leqslant n_2 d_2^2 f_{y2}$$

当原设计钢筋与拟代换的钢筋直径相同时：

$$n_1 f_{y1} \leqslant n_2 f_{y2}$$

当原设计钢筋与拟代换的钢筋级别相同时（即 $f_{y1} = f_{y2}$）：

$$n_1 d_2^1 \leqslant n_2 d_2^2$$

式中　f_{y1}、f_{y2}——分别为原设计钢筋和拟代换钢筋的抗拉强度设计值（MPa）；

A_{s1}、A_{s2}——分别为原设计钢筋和拟代换钢筋的截面面积（mm²）；

n_1、n_2——分别为原设计钢筋和拟代换钢筋的根数（根）；

d_1、d_2——分别为原设计钢筋和拟代换钢筋的直径（mm）。

上式均为一种钢筋代换另一种钢筋的情况。

当多种钢筋代换时，则有：

$$\sum n_1 f_{y1} d_1^2 \leqslant \sum n_2 f_{y2} d_2^2$$

当用两种钢筋代换原设计的一种钢筋时：

$$n_1 f_{y1} d_1^2 \leqslant n_2 f_{y2} d_2^2 + n_3 d_{y3} d_3^2$$

当用多种钢筋代换原设计的一种钢筋时：

$$n_1 f_{y2} d^2 \leqslant n_2 f_{y2} d_2^2 + n_3 f_{y3} d_3^2 + n_4 f_{y4} d_4^2 + \cdots$$

式中符号意义同前，式中下标"2"、"3"、"4"…代表拟代换的两种或多种

钢筋。

具体应用式 $n_1 f_{y1} d_1^2 \leqslant n_2 f_{y2} d_2^2 + n_3 f_{y3} d_2^3$ 时，可将该式写为：

$$n_3 \geqslant \frac{n_1 f_{y1} d_1^2 - n_2 f_{y2} d_2^2}{f_{y3} d_3^2}$$

令 $a = n_1 \dfrac{f_{y1} d_1^2}{f_{y3} d_3^2}$，$b = \dfrac{f_{y2} d_2^2}{f_{y3} d_3^2}$，则有：

$$n_3 \geqslant a - b n_2$$

当假定一个 n_2 值，便可得到一个相应的 n_3 值，因此应多算几种情况进行比较，以便得到一个较为经济合理的钢筋代换方案。

同样，具体应用式 $n_1 f_{y1} d_1^2 \leqslant n_2 f_{y2} d_2^2 + n_3 f_{y3} d_3^2 + n_4 f_{y4} d_4^2 + \cdots \mid$ 时，可将该式写为：

$$n_2 \geqslant \frac{n_1 f_{y1} d_1^2 - n_3 f_{y3} d_3^2 - n_4 f_{y4} d_4^2}{f_{y2} d_2^2}$$

需要假定 n_3、$n_4 \cdots$ 才能根据式

$n_2 \geqslant \dfrac{n_1 f_{y1} d_1^2 - n_3 f_{y3} d_3^2 - n_4 f_{y4} d_4^2}{f_{y2} d_2^2}$ 计算出 n_2 值。虽然计算过程较烦琐，但也必须多算几种情况，以供比较、选择。

205. 冷轧纽钢筋代换如何计算？

当结构构件采用冷轧扭钢筋（Ⅰ型）代换 HPB300 级钢筋时，其截面面积应按下式计算：

$$A_s = 0.583 A_1$$

式中　A_s——冷轧扭钢筋截面面积（mm^2）；

　　　A_1——HPB300 级钢筋截面面积（mm^2）。

冷轧扭钢筋（Ⅰ型）与 HPB300 级钢筋单根抗拉强度设计值可按表 5-3 选用。每米板宽 HPB300 级钢筋改用冷轧扭钢筋（Ⅰ型）代换，可按表 5-4 选用。

表 5-3　　　冷轧扭钢筋（Ⅰ型）与 HPB300 级钢筋单根抗拉强度设计值

HPB300 级钢筋			冷轧扭钢筋（Ⅰ型）		
直径 d/mm	截面面积 A_s/mm^2	单根钢筋抗拉强度设计值/kN	标准直径 /mm	截面面积 /mm^2	单根钢筋抗拉强度设计值/kN
8	50.3	10.56	6.5	29.5	10.62
10	78.5	16.49	8	45.3	16.31
12	113.1	23.75	10	68.3	24.59
14	153.9	32.32	12	93.3	33.59
16	201.0	42.22	14	132.7	47.77

表 5-4   **每米板宽 HPB300 级钢筋改用冷轧扭钢筋（Ⅰ型）代换**

HPB300 级钢筋			冷轧扭钢筋（Ⅰ型）		
直径/mm	间距/mm	面积/mm²	标准直径/mm	间距/mm	面积/mm²
6.5	100	332	6.5	150	197
	150	221		200	148
	200	166		300	98
	250	132		—	—
	300	110		—	—
8	100	503	6.5	100	295
	150	335		150	197
	200	252		200	148
	250	201		250	118
	300	166		300	98
10	100	785	8	100	453
	150	524		150	302
	200	393		200	227
	250	314		250	181
	300	262		300	151
12	100	1131	10	100	683
	150	754		150	455
	200	565		200	342
	250	452		250	273
	300	373		300	228
14	100	1539	12	100	933
	150	1026		150	·622
	200	770		200	467
	250	616		250	373
	300	513		300	311

 ## 206. 钢筋等面积代换如何计算？

当构件按最小配筋率配筋时，钢筋可按面积相等的方法进行代换：

$$A_{s1} \leqslant A_{s2} \text{ 或 } n_1 d_1^2 \leqslant n_2 d_2^2$$

式中 A_{s1}、n_1、d_1——分别为原设计钢筋的截面面积（mm²）、根数（根）、
                   直径（mm）；

A_{s2}、n_2、d_2——分别为拟代换钢筋的截面面积（mm^2）、根数（根）、
直径（mm）。

207. 钢筋量度差值如何计算？

钢筋在弯曲的过程中，其外边缘伸长，内边缘缩短，钢筋的中轴线则保持弯曲前的长度不变。在钢筋施工图中习惯标注的是外包尺寸，同时弯曲处又成圆弧形，因此弯曲钢筋的量度尺寸大于下料尺寸，弯曲后的钢筋，外包尺寸与钢筋中轴线长度之间存在一个差值，这个差值称为钢筋的"量度差值"。

在计算钢筋下料长度时，必须从外包尺寸中扣除这个量度差值，才能确保钢筋的轴线实际长度准确下料。钢筋弯曲处的量度差值，随着弯曲角度和钢筋级别的增大而增加。钢筋弯曲调整值的计算如图 5-4 所示。

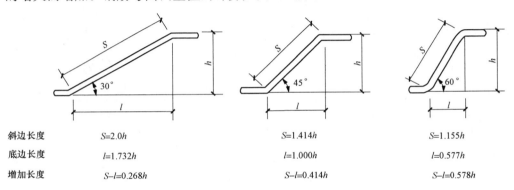

斜边长度	$S=2.0h$	$S=1.414h$	$S=1.155h$
底边长度	$l=1.732h$	$l=1.000h$	$l=0.577h$
增加长度	$S-l=0.268h$	$S-l=0.414h$	$S-l=0.578h$

图 5-4　钢筋弯曲调整值的计算简图

钢筋混凝土结构施工图中所标注的钢筋长度是指受力钢筋外边缘至外边缘之间的长度，即外包尺寸。外包尺寸是钢筋施工中量度钢筋长度的基本依据，其大小是根据构件尺寸、钢筋形状及保护层厚度确定的。

钢筋弯曲 90°和 135°时的弯曲调整值见表 5-5，钢筋一次弯折、弯起 30°、45°和 60°时的弯曲调整值见表 5-6。

表 5-5　　　　　　　　　　钢筋弯曲 90°和 135°时的弯曲调整值

弯折角度	钢筋级别	弯曲调整值	
		计算公式	取值
90°	HPB300		1.75d
	HPB335	$\Delta=0.215D+1.215d$	2.08d
	HRB400		2.29d
135°	HPB300		0.38d
	HPB335	$\Delta=0.822D-0.178d$	0.11d
	HRB400		0.07d

表 5-6   钢筋一次弯折和弯起 30°、45°和 60°的弯曲调整值

弯折弯起角度	钢筋一次弯折的弯曲调整值		弯起钢筋的弯曲调整值	
	计算公式	$D=5d$	计算公式	$D=5d$
30°	$\Delta=0.006D+0.274d$	$0.30d$	$\Delta=0.012D+0.280d$	$0.34d$
45°	$\Delta=0.022D+0.436d$	$0.55d$	$\Delta=0.043D+0.457d$	$0.67d$
60°	$\Delta=0.054D+0.631d$	$0.90d$	$\Delta=0.108D+0.685d$	$1.23d$

208. 弯起钢筋斜长如何计算？

梁、板类构件常配置一定数量的弯起钢筋，弯起角度有 30°、45°和 60°几种（见图 5-5）。

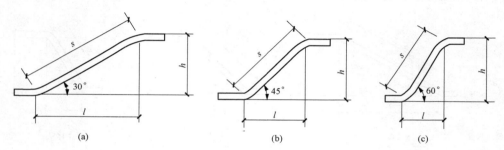

图 5-5   弯起钢筋斜长计算简图
（a）弯起 30°角；（b）弯起 45°角；（c）弯起 60°角

弯起钢筋斜长增加的长度 l_s 可按下式计算：

（1）弯起 30°：$s=2.0h$；$l=1.732h$。
$$l_s=s-l=0.268h$$

（2）弯起 45°：$s=1.414h$；$l=1.000h$。
$$l_s=s-l=0.414h$$

（3）弯起 60°：$s=1.155h$；$l=0.577h$。
$$l_s=s-l=0.578h$$

209. 变截面构件的箍筋高度差如何计算？

一些悬挑构件，例如阳台挑梁，其截面宽度相同而高度不同，相邻箍筋高度差 Δh 可按相似三角形推导出（见图 5-6）。

$$\Delta h=\frac{h_n-h_1}{n-1}$$

式中 h_n——最大箍筋高度（mm）；

h_1——最小箍筋高度（mm）；

n——箍筋根数，$n=l/s-1$；

l——最长箍筋和最短箍筋之间的总距离（mm）；

s——箍筋间距（mm）。

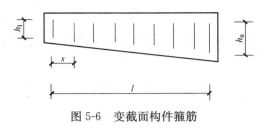

图 5-6 变截面构件箍筋

 210. 圆形构件的钢筋按弦长布置时长度如何计算？

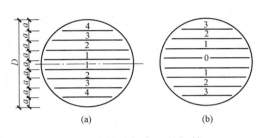

图 5-7 按弦长布置的钢筋

(a) 单数间距；(b) 偶数间距

先根据下列公式计算出钢筋所在处的弦长，再减去两端保护层厚度，即得钢筋长度。

（1）当配筋为单数间距（偶数筋）时，弦长 [见图 5-7 (a)] 为：

$$l_i = a \sqrt{(n+1)^2 + (2i-1)^2}$$

（2）当配筋为偶数间距（奇数筋）时，弦长 [见图 5-7 (b)] 为：

$$l_i = a \sqrt{(n+1)^2 - (2i)^2}$$

式中 l_i——第 i 根（从圆心向两边计数）钢筋所在的弦长（mm）；

a——钢筋间距（mm）；

n——钢筋根数，$n=\dfrac{D}{a}$（D 为圆的直径）；

i——从圆心向两边计数的序号数。

 211. 圆形构件的钢筋按圆形布置时长度如何计算？

先用比例方法求出每根钢筋的圆直径，再乘圆周率算得钢筋长度。如图 5-8 所示。

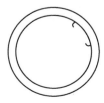

图 5-8 按圆形布置的钢筋

212. 圆所在的曲线钢筋长度如何计算?

圆所在的曲线钢筋长度,可用圆心角 θ 与圆半径 R 计算出:

$$L = 2\pi R \left[\frac{\theta}{360} \right]$$

 213. 抛物线状钢筋长度如何计算?

抛物线状钢筋长度 L 可按下式计算:

$$L = \left(1 + \frac{8h^2}{3l^2} \right) l$$

式中　　l——抛物线的水平投影长度(mm),如图 5-9 所示;

　　　　h——抛物线的矢高(mm)。

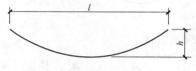

图 5-9　抛物线长度计算

 214. 外形复杂的构件钢筋长度如何计算?

外形复杂的构件钢筋。对于一些外形比较复杂的构件,用数学的方法计算钢筋长度比较困难,可以采用放足尺(1∶1)或放小样(1∶5)的办法计算钢筋长度。

参 考 文 献

［1］中国建筑标准设计研究院 . 11G101-1 混凝土结构施工图平面整体表示方法制图规则和构造
详图（现浇混凝土框架、剪力墙、梁、板）［S］. 北京：中国计划出版社，2011.

［2］中国建筑标准设计研究院 . 11G101-2 混凝土结构施工图平面整体表示方法制图规则和构造
详图（现浇混凝土板式楼梯）［S］. 北京：中国计划出版社，2011.

［3］中国建筑标准设计研究院 . 11G101-3 混凝土结构施工图平面整体表示方法制图规则和构造
详图（独立基础、条形基础、筏形基础及桩基承台）［S］. 北京：中国计划出版社，2011.

［4］中国建筑标准设计研究院 . 12G101-4 混凝土结构施工图平面整体表示方法制图规则和构造
详图（剪力墙边缘构件）［S］. 北京：中国计划出版社，2013.

［5］中华人民共和国住房和城乡建设部，中华人民共和国国家质量监督检验检疫总局 . 混凝土
结构设计规范（GB 50010—2010）［S］. 北京：中国建筑工业出版社，2011.

［6］中华人民共和国住房和城乡建设部，中华人民共和国国家质量监督检验检疫总局 . 建筑抗
震设计规范（GB 50011—2010）［S］. 北京：中国建筑工业出版社，2010.

［7］陈达飞 . 平法识图与钢筋计算［M］. 2 版 . 北京：中国建筑工业出版社，2012.

［8］王武奇 . 钢筋工程量计算［M］. 北京：中国建筑工业出版社，2010.